Cooking holiday in Thailand

泰國廚藝小旅行

來去泰國學料理

于美芮

附錄

食譜

自序

追尋心中美味的華麗冒險

「啊！什麼！你跑去泰國學泰國菜！有沒有搞錯啊！」

每次這樣一說，很多人都會被我嚇到，驚訝大多來自無法和我原本學藍帶廚藝的形象連結。對大家來說，一個做馬卡龍的人跑去煮咖哩雞？感覺怪怪的！不過我可不這麼想，料裡無國界嘛，多學一種料理也沒什麼衝突。

回想起動身前往曼谷，其實，心裡掙扎了一段時間，與其說是怕改變，不如說是自我懷疑成分多。首先，我不確定能學到多少東西，其次，自己接受過正統的法式料理與甜點的訓練，再度學習，擔心心理會有跨不過的障礙。還好，兩者我都克服了。

在廚藝的世界裡，如果我要的太多，什麼都想要，會不會什麼都做不好，我有些害怕，但是我又告訴自己廚藝無國界，如果我能橫跨各國食材，充分瞭解並且善加利用，或許還能更上一層樓。

堅持做自己想做的事情，而不是要滿足別人對自己的看法，要為自己而活，而不是活在別人的羨慕眼光裡，所以我不需要去改變別人的看法！

所以，盡一己之力，專注地去追求心目中的美味吧。

不過語言是大問題，我看不懂泰文，加上英文網站又大多是觀光課程，找學校是一大難題。

在精挑細選之下，我沒有選擇名校，選擇課程按照自己的需求，最後我選擇了泰國廚藝學院的主廚訓練課程，最讓我放心的是，創辦人之一是英國藍帶學校的畢業生，憑著對藍帶人的榮譽感，我報名廚藝課程之後，馬上出發。

在此，我也要特別謝謝我的同班同學來自俄羅斯的Marat，讓我找到第二間學校UFM，讓我有機會認識泰國皇家甜點。

很幸運地，當我在書店流連忘返又憑著一本食譜書的圖片，找到第三所學校Wandee廚藝學院，這是一所專業培訓的學校，提供長期的課程，教授泰國傳統菜色之外，也是泰國廚師證照的考場，兩個月之後，我圓滿的修完所有的課程。

在這段期間，探索了許多特色學校與專業課程，連按摩學校都去上了幾堂課，在曼谷，開啟了我的泰國菜大門，開始踏入泰國料理的華麗世界。

回到台灣之後，許多人好奇，我做的泰國菜有沒有改良成台灣人喜歡的口味。當然沒有，我很堅持忠於原味。

事實上，泰國菜不是只有酸和辣，泰國菜融合了許多國家的料理特色，來自緬甸、寮國的酸與辣，印度的咖哩和中國潮州菜系的熱炒，最後加上當地的香草與土產。

我想，能將傳統的泰國味道端上桌，比做創意泰國菜更重要，能深入瞭解每一道菜真正擁有的元素和背景文化，更是在地學習最可貴的收穫。

我把所有經驗集結成一把鑰匙，送給想探索泰國料理的奧妙的人，只要你轉動鑰匙，便能開啟傳統泰國菜的大門，看看我的功課表，有一天你也能像我一樣踏上追尋心中美味的旅途。

PART 1

去泰國學廚藝

我很愛吃泰國菜，甚至為了想學好它而跑去曼谷。

我學習的廚藝學校相較於巴黎藍帶，真的差太遠！有些學校連廚房都小得讓人不忍卒睹，曼谷也好不到哪兒去，街道、交通都亂，計程車司機也很壞，泰國人看起來友善但其實還是得小心，許多幻想一開始便破滅，但是奇妙的是，來了半年之後，我還是深深愛上它。

對於想到泰國學廚藝的人來說，我認為要做的是建立一些基本功，網路上得到的訊息並不表示你會真的遇到，所以你需要更完整蒐集並消化完資料，再做出自我判斷。

因此，與其一頭栽進網路資料搜尋上，不如聽聽我這過來人分享一些在泰國學廚藝的故事！我是經過認真思考才決定到泰國學藝的，我認為如果有件你很想去做的事，自然就能找到適合你的方法並完成它，我就是這樣。

這個章節我要提醒想到泰國學料理的人，該如何選擇學校，和適應、融入周遭環境等問題。

當你決定前往泰國學習廚藝，除了要先有心理建設之外，請切記「每一步，都是一種新的探險」，膽量要夠大，心臟要夠強。

1

脫掉馬靴換涼鞋，哦，NO！

法國的女人從九歲到九十九歲，每個人都一定會有一雙馬靴，我擁有一雙最貴的過膝長馬靴，就是在巴黎購得。不過來到泰國曼谷，馬靴怎可能派上用場，但是要我換上「涼鞋」進廚房，我可真的掙扎了好久，畢竟在藍帶廚房這是不可能發生的事情。但是說真的，在曼谷穿涼鞋真是再適合不過了，我也顧不得露腳趾衛不衛生、美不美觀的問題了。

於是，我脫下時尚嬌貴的馬靴換上輕便涼鞋，從巴黎轉換到曼谷，同樣是學習料理，歐洲和亞洲在地球的兩端，有著不同的菜系和文化背景。一般人對法國料理的印象是講究精緻和完美，對食物有著超高標準，而事實上，真正法國地方的傳統料理和甜點卻是很平民化和家庭化，這道理，在泰國也是一樣。泰國皇家料理也一樣，不是人人都喜歡也不容易吃到，反而是街頭小吃烤物、炸物、沙拉、咖哩、海鮮、酸辣湯之類的平民化小吃，才真的受人喜愛，聲名遠播。

而今日，學習泰國廚藝也變成到泰國觀光的一部分了，絕大多數的歐美觀光客，都能夠享受半天的泰式廚藝訓練，等著回家後在親友面前大展身手。泰國菜的親民和他們臉上的微笑一樣，熱情又單純，而且不管你的手藝高超與否，只要隨口一句「會不會太辣？」「你能不能吃辣？」之類的貼心問候，總是能讓人打開話匣子。

於是，我穿上涼鞋，直接來到曼谷，我要深入泰國菜的國度，探訪道地傳統的泰國菜做法，希望能學會可以打動人心的泰國菜。

會英語就沒問題

到泰國學料理，語言不會是個很大的問題，你不用一定得會講泰語才行；但是日常生活中，如果你能入境隨俗學會一點點泰語，應該會有幫助。

大家都很想知道，到泰國上廚藝課講的是泰文還是……？答案是，英文。

許多人知道我前往泰國學廚藝，第一個問我的問題就是，你去泰國學廚藝，那你會講泰語嗎？我的回答是，「別擔心，講英文就好啦！」

因為這幾年來，學習泰國菜早已經是泰國觀光的宣導重點之一，所有的廚藝課程都是以英文授課，你拿到的也會是英文食譜，而這些針對觀光客的授課老師，通常英文都講得十分流利，像藍象學校的幾個老師，英文好得讓人印象深刻，教授專業廚藝課程，也都會貼心的分別針對國內和國外學生授課，所以語言上並不用太擔心。

泰國曼谷是個國際級的都市，用英文能夠溝通，也別忘了世界共通語言很多，像音樂、舞蹈、美術……，包括：美食、廚藝，有些東西不需要過多言語，用心體會才是真正的領悟。

學習廚藝，用眼睛看、嘴巴吃，再讓雙手做出來，就把語言當作是個基本的溝通工具，就像做菜需要一把刀，一把世界通用的萬用刀是非常重要的。

在曼谷，我碰見的老師當中有英文講得很好，廚藝也一級棒，但也是有廚藝頂呱呱，卻說得一口破英文的，但是如果你已經具備基礎英文能力，上廚藝課不會有問題。

不過日常生活上，離開了外國人生活圈或觀光後，一般老百姓可是不太會說英文的，如果你完全不懂泰語，只能靠比手畫腳，像買東西碰到泰國人對外國人獅子大開口的事就很常見，到時你也只能啞巴吃黃蓮了。

而我認為最難的事是搭計程車，經常會發生不愉快的事情，除了機場線或觀光區，搭乘計程車就只能靠著「泰文」字條好讓司機知道，你將要去的目的地。誇張的是，許多司機惡行惡狀、目無王法，繞遠路、亂跳表的一大堆，有的甚至還沒到目的地，就半路放點，花去你大把時間又招來滿肚子怒氣，最最離譜的是最後付車錢時，司機可是不找零錢的。不過，後來我問過一些當地的泰國人，他們說會講泰語搭計程車也會碰到上述的問題，所以，不會講泰語的影響似乎不大。

魔法心情好料理

許多人藉著離開熟悉的地方來轉換心情，旅行成了不藥而癒的最佳療癒妙帖，旅行之後，可以分享的是心得和照片，但是照片不能吃，做菜卻不一樣，用來分享的是菜色，食物能讓人心情更美妙，這就是我愛學異國料理的原因。

接觸新的事物可以讓自己沉澱，填補時間和填補心靈空虛，因此不需要狂吃、狂哭，如果有一個調方可以轉換你的心情，轉移注意力，還可以讓你一個人忙得團團轉，完全沒有餘力再去管心情好不好，非廚房莫屬了。

做泰國菜在中式廚房就能完成，不太需要再添購設備，炒、蒸、煮和炸，都是很基本的。我學習泰國菜的入門是從食材當中的新鮮香料開始，香茅、檸檬草、南薑、青檸葉，乾的香料則是小茴香和香菜籽，神奇的是這些香料光聞就可以讓人很放鬆。

學習泰國廚藝，讓自己打發時間，心情不佳就快點進入廚房，把所有的青菜肉

廚房OK便利貼

經過曼谷十幾間大大、小小廚藝學校的洗禮，傳統或創新的詮釋泰國菜，酸、甜、鹹、辣的風味，我特別把所學整理成資料，這些資料就如同一張張的廚房便利貼，利用這幾張便利貼，絕對可以去除你對泰式食材的陌生感，同時讓你對做泰國菜有基本概念，如果再加上之後的學習經驗，相信你的做菜功力可以提升十倍，以下跟大家分享，記得寫下來貼在你隨處可見的地方：

提味鐵三角：南薑、香菜根、大蒜，一起乾炒後，再加入菜餚中。

內餡三兄弟：香菜根、大蒜、白胡椒粒三種放入石臼搗碎，（切的細碎或者放入調理機也可以）拌入肉類內餡。

咖哩的香料樁腳：白胡椒粒、茴香籽、荳蔻、香菜籽，有時需要事先乾炒，有時不需要。

咖哩天王：香料樁腳＋乾辣椒，大蒜和紅乾蔥，鹽和蝦醬。

咖哩天后：檸檬草（香茅）、南薑、瘋柑橘皮（檸檬皮，又稱青檸、卡菲爾檸檬）、新鮮辣椒、（綠咖哩：香菜根）、（黃咖哩：鬱金香根、薑黃）。

泰菜六感：咀嚼口感、觸感、視覺、氣味、心動感、聽覺氣氛。

類和調味料全部集合起來，把沮喪、寂寞、憤怒，都換成一道道泰國的美食，保證所有煩惱都將拋到九霄雲外。

我喜歡料理，也瞭解料理對於某些人的意義，更可以深刻感受那種被治癒的感覺，因此，我喜歡用料理來療癒心靈。這一次透過親自飛到泰國學習泰國菜，我讓自己重新再出發。

廚房OK便利貼

詮釋泰國菜風味的各種口感關鍵：

鹹：魚露或鹽
甜：砂糖和棕櫚糖
酸：羅望子醬和檸檬
辣：新鮮辣椒或者辣椒粉
脆：來自花生或其他炸物（麵點或麵糊類）
香味：來自新鮮香料和乾辛香料

糯米製品是口感，大量使用米粉和綠豆粉製作甜點，肉類以牛肉之外的肉為主，魚和豬肉是常見的葷食。

2 關於住的選擇和原則

其實要短住在曼谷並沒有想像中的困難，因為有太多的選擇，如果怕住的問題會造成困擾的話，有以下的原則可以遵循。

地區：要住在離你的學校或者同一學區最近的距離，如果離學校太遠的話要舟車勞頓，會容易迷路，或者睡晚了容易遲到太久。

交通：方便為第一選擇，曼谷許多地區有許多巷道，距離是否需要搭乘摩托車，要事先弄清楚。

如果你選擇居住長期或短期公寓，則務必要考慮安全和設備齊全。如果你居住的大樓或地方有祭拜的一些禮俗或者祭拜儀式，你最好也要跟著有一顆尊敬的心才好。

席隆的老師不僅親切自然，上課結合廚藝和娛樂，節奏抓得特別好。

盤腿坐著切菜不容易啊！一會兒就讓你腳麻、腿痠，乾脆跪著切菜。

席隆廚藝學校的招牌特色，地區性、風土性兼具，轉化成時尚的泰國廚藝風情。

入境隨俗很重要

在泰國廚藝學院上廚藝課與法國藍帶有天壤之別，法國的廚藝學習，以法文授課，講究軍事化的管理，嚴格要求遵守規定，在泰國則是以英文和泰語授課，家庭氣氛濃厚。

法國藍帶的教育課程與制度都規畫的相當完整，大廚嚴格要求你必須按照教授的方式，自己絕對不可隨心所欲，萬一沒按照大廚示範的味道進行調味，會當場給你一個大白眼，表示你「儒子不可教也」，或者搖頭斥責。

所以來到泰國學習，我便必須習慣要把上述的觀念拋到腦後。不但有些沒有教案（並非所有泰國學校皆如此），也沒有特殊要求和服裝規定，學習廚藝就只能要靠眼睛和嘴巴體會。

我想這或許是源自於熱帶國家慵懶和緩慢享樂的民族性。

學習做泰國菜時，大可自行加油添醋，老師最常說的一句話是，「play around」，「自由發揮料理」，頭一次聽到這句話時，我有點傻眼，因為受到法式廚藝教育的影響，我總認為按部就班的學習才是王道，即使是創意也須建立在深厚扎實的基礎上。

要適應這樣有點散漫的學習環境，需要深深吸口氣，自我安慰，並提醒自己不要太嚴肅，一切放輕鬆，就當玩扮家家酒吧。

例如，坐在地上處理菜餚是泰式傳統，婦女們席地或坐在草蓆上面，刀子、砧板、全都放在腳邊，彎著腳，讓身體往前傾才能完成切菜動作，我相信，切完菜一定腳痲、腰痠背疼，難怪泰式整套按摩療程那麼棒，原來是有需求。

事實上，學校更像是住家，後院就是我們的廚房，傳統泰國家庭會把廚房設在戶外，因為萬一發生火災時，還能保住房子。後院則是完全沒裝潢的廚房，五張木頭桌子，擺著十台瓦斯爐與瓦斯桶，旁邊有不太穩又窄小的調味架子，炒菜鍋、鍋鏟和湯鍋是主要炊具，沒有微波爐、烤箱、抽油煙機或冷氣，我像來到泰國人家裡的廚房！揮汗做菜，偶爾來一陣午後大雷雨，才會感到涼快，但是我們就必須馬上搶救可憐的瓦斯爐，用一大塊塑膠布擋著大雨，否則後果不堪設想。

幸好我並不需要坐在地板上切菜，還好學校允許我們坐著在教室完成搗咖哩、切菜等備料工作。

我投入料理學習工作多年，廚藝對我來說一向是有紀律的事，一旦到了一個緩慢、悠閒、無壓力的環境，就像是到海邊游泳卻沒有準備救生圈一樣，學習變得很沒有安全感，不過相對的，我反而會自發出一股自我要求的力量，而這樣的壓力會隨著白天的氣溫逐漸升高。

從頭學泰國菜，氣候加上語言的障礙都是問題，而最大的癥結在於我太喜歡歐洲的歷史文化、廚藝和當地的風土。

民情文化的歷史背景有重要的聯結，如果義大利是個用美食來認識的國家，那麼泰國就該是個用香料來認識的民族。

在泰國有許多要打破傳統思考的事情，就如同他們吃麵包沾辣椒醬。很多事情必須要先去除成見讓自己歸零才能夠理解，雖然我們上課是使用英文溝通，但是在生活上依然存在著許多無形隔閡，需要去克服，一切就像在曼谷的夜晚，在戶外乘涼需要噴上防蚊液，才能防止蚊蟲的親吻。

3 和泰國人打交道

要學會看懂泰國人若即若離和忽冷忽熱的態度，是很重要的，泰國人的熱情和冷漠，常會讓人一頭霧水，例如：先前大家一起聚餐，場面和氣氛都很熱絡，但到了下次碰面卻變得有點冷淡，再或許兩週或兩個月都不會再聯絡，可是過了半年，他們卻又會像老朋友一樣出現在你面前，嘘寒問暖，這就是我認得的泰國人。

泰國人擅長掩飾心中真正的想法，所以你看見的都是表面，尤其是他們的微笑和有禮、善良。因為看清楚這樣的個性，我通常做人處事都是比較被動，不會太過熱情，要不然可能會被對方的遲到、早退、言而無信和失約惹來一肚子氣。切記，跟泰國人相處，再好也要保持適當距離以策安全，一回生、兩回熟，三回不聯絡，我的經驗常是如此循環著。

防人之心不可無

1 警覺心

記住隨時保護自己，錢財不可露白，言行舉止要有分寸，奢華的物質與隨便最易造成誘惑。

2 懷疑心

謹慎選擇交談對象，短暫相處的同學朋友最好要保持禮貌性的距離，直到真正認識對方，再決定是否能成為朋友。

3 觀察力

要多觀察對方言行是否真實或者扯謊。

4 自制力

五光十色的夜生活或者沒有安全感的場所，可以拒絕前往或者與熟悉的朋友共同前往。

如何和同學老師打交道

1 算帳分明

外出用餐最好各付各的帳。同學們最常一起外出用餐，使用西方禮儀，各付各的，比較沒有壓力也不至於占人便宜。

2 保持尊重

若對方失約或者臨時更改計畫不需要生氣，只要彈性更改行程即可。

3 禮尚往來

雙方不論是送禮、請客答謝對方，都可以表現出禮貌。

4 怡然自若

面對友情來得急去得快，或者忽冷、忽熱待人接物的態度，只要保持平常心，不要太情緒化。

5 瞭解文化背景，一起融入其中。

例如：對皇室家族的愛戴，景仰泰國國王、不要太隨便談政治問題，對神的敬拜、遵守禮儀。

4

廚藝教室潛規則

到泰國去上廚藝課，已經成為時髦的事，不管你去過幾次泰國，如果沒有上過一堂泰國廚藝課，你就落伍了。我們在台北的廚藝教室在曼谷一律稱為廚藝學校，到泰國順便學廚藝現在正夯。

我第一次有想去泰國學泰國菜的念頭是在八年前，當時我與友人在曼谷自由行，無意間發現飯店有廚藝課程的訊息，但是因為沒有預先安排，也沒有心理準備，我們不想臨時脫隊，所以當時打消念頭，沒想到有一天，當初的想法實現了。

泰國廚藝學校的課程時間安排緊湊，會濃縮料理精華與精簡做法以符合觀光客的需求。況且規畫在自由行當中，顯得生動有趣，回國之後，更成為不少人津津樂道的話題。

我認得的一個菲律賓媽媽說，她們全家一起去泰國旅遊，最吸引她的就是上廚藝課，為什麼呢？因為泰國菜實在太好吃了，她一直都很想學，沒想到可以旅遊與夢想一次實現。

通常有想學的念頭，到真正圓夢，要經過一段醞釀時間，我也是這樣，在參加過泰國許多廚藝課之後，整理出一些很好用的原則：可以給有心前往泰國學廚藝朝聖的朋友看看。

到泰國學料理是一個新的體驗，你會在那裡看到不一樣的料理世界。我很慶幸自己有機會親自到泰國完成學習廚藝的夢想，也鼓勵有夢想的人，只要想就去實踐吧！還有什麼好猶豫的呢？

先上網蒐集資訊

雖然是英文網站，但是要自己上網報名一點都不難，網頁的主要設計通常分為：學校介紹、課程介紹、課程表、預約時間和上課照片、學校的地點、老師介紹及聯絡方式。只要使用網路英文翻譯軟體或者懂一點點英文，就可以完成報名；或者你也可以寫信去詢問相關事項，一般泰國廚藝課程的設計是為了觀光客設計的泰式料理，貼心的備料和教學，能讓每一位學生在短時間就能成功的做出美味的泰國菜。

而泰國廚藝學校的類型，可以分為下列幾種：

1. **傳統泰式廚藝文化洗禮**：如Amita（http://www.amitathaicooking.com/）

Tam是女主人，她直接把自己的老家規畫成廚藝學校並開放觀光，這棟位於河邊的房子還擁有自己的碼頭，這可是百年泰國傳家老屋，一草一木皆有著濃厚的泰國歷史。

2. **娛樂綜藝高效能**：席隆廚藝學校（Silom Thai Cooking School, http://www.bangkokthaicooking.com/）

這是一間點閱率和民調受歡迎程度與學生最多的廚藝學校，一個上午可以消化四十到五十位學生，如同帶團康一般的上廚藝課，老師表演，學生是最好的觀眾，在一個口令一個動作的指導之下，每個人都能順利端出三道菜。

3. **循規蹈矩正經派**：UFM烘焙廚藝學校（UFM Baking Cooking School, http://www.ufmeducation.com/）

這是課程選擇最多樣、最平價的烘焙廚藝學校，專業和業餘人士都能找到自己要的課程，廣受泰國家庭婦女喜歡，從泰國傳統菜色到街頭小吃，包括皇家甜點課程也都最完整，喜歡泰式甜點的人可以專攻這間學校的課程，還能選擇一對一的量身訂作課程。

4. **知名品牌掛保證**：藍帶廚藝學院（http://www.lecordonbleudusit.com/）

這兒有最先進的環境與設備，這一點是其他學校望塵莫及的。藍帶廚藝學校以法式料理的完美精神注入泰國料理，擺出法式風格的泰國菜。課程包括料理和成本相關課程，老師還會帶著學生參加廚藝競賽，磨練技術。畢業證書由泰國教育部認可，授予藍帶廚藝學院頒發。

5. **濃濃家庭味**：Cooking with Poo and Friends（http://www.cookingwithpoo.com/）

廚藝學校的地點靠近曼谷最大的貧民窟，透過參觀批發市場——孔堤（Klong Toey），可以一窺真實的泰國生活環境，老師Poo小姐出版過好幾本食譜書，她的親切和善，給我們宛如遊子回到泰國娘家的最大熱情和擁抱。

6. **餐廳形象品牌**：藍象廚藝學校（http://www.blueelephant.com/）

藍象廚藝學校將傳統的泰國菜注入西式的元素，讓泰國菜有國際感。老師群的英語流利，和學生的溝通無障礙，並將課程賦予餐廳風格，餐廳與課程結合的優勢，讓你在餐桌上享受自己的成果，真的有爽當大廚的威風。

學費與課程

泰國廚藝教室預約課程要先支付一半學費，其他是上課頭一天繳清。也有許多半天課程則是先上課，後繳費，當然也有先拿到繳費收據再上課。正常來說，半天課程會先安排逛市場認識食材，上完示範課之後，所有的材料和調味品已經一人一份先分好，只剩下切菜、搗碎或翻炒煮的步驟。有些甚至於連切菜都省下，直接按照剛剛老師示範的，依序將食材放入翻炒或是煮熟，就算做完菜，若是第一次下廚也不用擔心，旁邊的助手會在一邊幫忙，有些還是一位學生分到一位助手。

上課的分類

上課種類如下：

1. 半天課：針對觀光客設計，分為早上班和下午班
2. 一天課
3. 團體班
4. 一對一教學
5. 專修課程
6. 職人專修課程

7.**飯店形象品牌**：東方文華（The Oriental Thai Cooking School, http://www.mandarinoriental.com/bangkok/）

五星級飯店的貴婦高規格接待，享受大廚貼身指導的專屬優越感，還附有貼心的畢業禮物，讓人還想再報名下一節課。小禮物包括：全新的圍裙（不是你做菜穿的那一件）、香料小提包和畢業證書。

8.**名廚的廚藝教室**：Siam Carving Academy（http://www.siamcarvingacademy.com/curriculum/）

這是一間以果雕（Kae-sa-lak）出名的學校，名師出高徒，這句話用在果雕上一點也不假，從基礎到高級果雕，只要能受到泰國知名蔬果雕刻師Wan Hertz，親自指導，保證你馬上能夠更上一層樓。

9.**廚師執照保證班**：汪蒂廚藝學校（Wandee Culinary Art School, http://www.wandeethaicooking.com/）

創辦人Wandee女士就像是台灣的傅培梅女士一樣知名並且受到愛戴，一般長期課程上完之後，保證拿到泰國廚師證照。補考制度人性化，只要補沒有過的部分而不需要每次全部重考，可惜證照到目前為止，還沒有開放給外國人參加，僅限持泰國護照人士報考。

10. **公版廚藝學校**：如Sompong（http://www.sompongthaicookingschool.com/intro.html）

這邊的課程大約分為五個步驟，有別於其他學校，包括逛傳統菜市場（買菜）、認識香料（接觸），備菜（體驗），做菜（親自上陣），吃飯（享受成果）。帶給你成就感一百分的課程，你會更自然地把泰國料理深植心中，讓親身體驗帶給你更深刻的感受。

PART 2

我的泰國魔法廚藝學校

下面介紹的是我去過的八所泰國魔法廚藝學校。比起在巴黎藍帶廚藝學校，泰國的學校多了些濃濃的鄉土味，無論是課程、老師、同學或是環境都一樣，這讓我在學廚藝的意識與視角上有所轉變：以前我只認為專業才是最好的，所以剛到泰國的學校看到學校老師上課的方法和同學學藝的心態就會莫名的不悅，但是當我把自己歸零再投入學習，試著融入，嘗試以同理心進入泰國飲食文化的脈絡，我竟適應極佳。

在此，我誠心地推薦醉心於泰國料理的人要親自到泰國一趟進修學廚藝。沒有如藍帶那種嚴苛教條的這些泰國廚藝學校裡，有許多泰國獨特飲食文化與生活習慣的投射，此外，還有一種慵懶浪漫的南洋情懷，這對我而言，是一種學習廚藝之旅的全新體驗！

我想先從學校切入，在泰國這些日子，學校生活扮演重要角色。它讓我在沒有什麼壓力的情況下付出時間和專注完成夢想，是件美好的事。

這些學校不算太嚴謹，但也或許是因為這樣，你想要花多少力氣學習全看你自己，這反而讓我找到了另一種成就感。同時我也認識了一群同伴，可以交換意見、分享廚藝心得，我很珍惜這樣的緣分。

學習任何事都一樣，除了專精技能，也須擁有足夠的常識與人生經歷，才能從中獲得真正的養分。勇敢追夢不簡單，想好就去勇敢嘗試吧，那必定能成為你寶貴的人生經驗。

1 引人走進歷史的Amita

大部分的泰國廚藝教室地點都會選在觀光鬧區，或者是靠近大眾運輸（BTS、MRT）的地區，要不然就是有歷史的品牌飯店，也可能是有名的餐廳附設廚藝課程，當然也有知名人士或名廚成立的廚藝學校，上述都是常見的，是選校可以遵循的目標方向。

Amita Thai Cooking Class這間廚藝學校是我逛老外的Blog時查到資料，上網去看看外國遊客的經驗，也是很好的參考資料。

Amita最吸引人的是學校地處偏僻，它位於湄南河的另一邊，想要自己去恐怕找不到，不過學校負責交通，這樣就能繼續看下去。因為網路上的照片看起來很過癮，得搭船才能到校，那種乘風破浪的感覺，我覺得挺迷人的，所以我便更深入地去研究。

Amita廚藝課程收費價格三千泰銖，比最便宜的課程一千泰銖的課程還要貴上三

親身經歷使用傳統石磨磨米，擠椰漿。

Amita把香草花園專業的分門別類，英、泰文標示清楚。

搭船上學去，避開觀光點，光是經過沿著船道兩岸的老屋古宅，便是走進歷史。路途還可以看看水上人家的商品，最後在Amita廚藝學校後院下船。

倍，但比最貴的廚藝課，六千泰銖便宜一倍。如果想知道這間廚藝學校與眾不同的地方在哪裡，就直接報名吧！因為肯定不會讓你失望。

Tam是這間學校的女主人，她把自己的老家變成廚藝學校，順便開放觀光，位於河邊的房子還有自己的碼頭，「這是我爺爺留下來的房子。」她用一口流利的英文，透露接受過西洋教育，她優雅的舉止看起來家教很好，而從傳統泰式加上一點歐風的餐桌擺飾，到室內與戶外的完善維護，這個學校的一草一木皆有著濃厚的代代相傳的歷史軌跡。

事實上，搭船前往學校，沿途迷人的風景對我來說，就已是廚藝課的首部曲了。當我們靠岸下船，幾步路走入古宅，眼前是早已經設置好餐桌的涼亭，身上著傳統服飾、輕聲細語的工作人員，如同大宅院的丫鬟和管家，個個面帶笑容歡迎我們光臨，一出場果然就氣勢非凡。

在大家享受著檸檬草調製而成的蜂蜜迎賓飲料的同時，Tam說，這是她長大的地方，房子是祖先幾代傳承，她不疾不徐的娓娓道來宅院的過往歷史，時光瞬間往前三百年，回到歷史中。

古風古厝一大賣點

瞭解這間泰式古厝的歷史，感受傳統濃郁的泰國風情，還可以輪流體驗如何用古式研磨米粉的石臼磨出米粉；刮除椰子肉的百年歷史手造模具（只能看不能用）；工作人員穿著傳統沙龍，用另一台兔子形狀的手工機，刮除椰子果肉，一絲一絲慢慢的將雪白的椰肉刮下來，表演以前泰國人傳承下來的古老作法。

能夠如此體驗泰國傳統料理文化，是我首選這邊上廚藝課的重點之一。

實際上課之後，證明一開始我認為Amita不是一間厲害的廚藝學校是對的，公版的廚

這是我和Tam女士的合照。

藝課程，老師的授課和手藝其實都算普普通通，但是這邊的優勢是它擁有一整套完整的廚藝教學流程和方法。我們一共只有六個學生，卻動用了十位助手，貼心服務到家，不管你是身經百戰的廚師亦或是第一次下廚的新手，都可以確保端出的菜餚是一模一樣的。

Amita的餐桌宛如在古宅院中遇見米其林。

和來自馬來西亞與澳洲的同學一起藉著美食穿越時空回到過去。

陶製的器皿製作椰子圓薄餅(Khanom Krok)。

所以我的想法是，不光是來此學料理，更重要的是要來接受傳統泰式文化的洗禮。學校也會很貼心的把每一日的菜單印製成明信片，放在信封內，讓我們帶回家做紀念。

藍蝶豆花飯（Butterfly Pea）／斑斕葉炸雞／泰式酸辣湯／打拋肉是我那日的菜單。

蝶豆花是天然染料可以把飯變成藍色的，香蘭葉(斑斕葉)也可以把甜點變成綠色的。

因為學校沒有修業證書，而是要我們在本子上留下感言，給Tam留念。我寫下了一句話當成來這邊留下的證據。

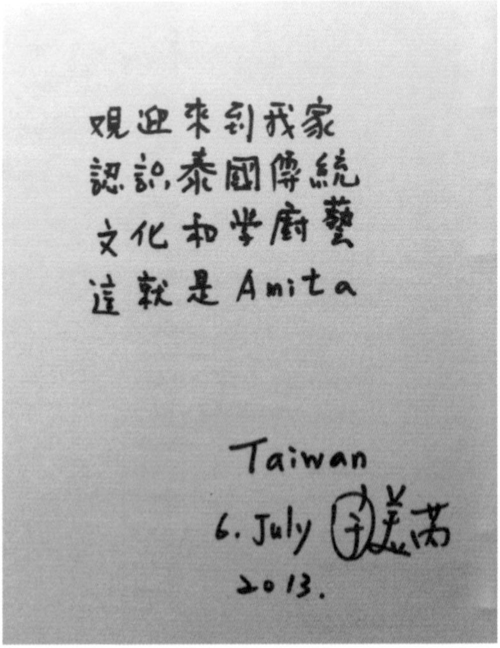
观迎來到我家
認識泰國傳統
文化和学廚藝
這就是Amita
Taiwan
6. July
2013.

2

以創意活潑教學取勝：席隆廚藝學校

席隆廚藝學校，只要一千五百泰銖，就可以提著菜籃子跟老師一起去逛市場買菜，並且學習做三道泰國菜。

由於它在網路上風評不錯，所以我決定親身去體驗一下，看看這間學校的魅力到底在哪裡！

如果說半日廚藝課程的重點是放在體驗泰國菜，那麼最貼心、最活潑的廚藝學校，非席隆莫屬，光是從官方網頁搜尋就大開眼界，有各國語言的影片介紹（中文、英文、法文等），還有完整的網站資訊與課程記錄的圖片，當然最引人注目的還有世界各國學生的網誌與好評呢。

它的網頁以綠色為主的色調，充滿濃濃的泰國香草的氣息，但課程內容其實和其他廚藝學校相差不遠，不能免俗的也包含上課前要先去逛市場，菜色則有必學的泰國國湯「冬蔭功」和國炒「趴太」泰式炒麵等。

席隆廚藝學校。上課之前老師要先帶著同學們去菜市場買菜，然後浩浩蕩蕩一行人提著菜籃走回教室。

不過比較完後，這間人氣指數超高的學校，學費卻是當中最便宜的，於是讓我馬上就決定，心動不如馬上行動。

事實上，這間學校地點並不好，下了BTS站之後，要走路超過二十分鐘，才會到集合地點，從集合地點要到巷內的公寓，沒人帶路絕對是走不到的。不過還好這間廚藝學校，知道校址不好找，所以學校的指示標誌做的又多又明顯，一路上都有指標，讓人不致於走丟。

當我周六一大早，在學校指定的地點集合後，馬上確定這是一間相當熱門的學校，越接近集合時間，人越來越多。不過因為學費那麼便宜，學生人數又那麼多，一位老師要怎樣幫二十個學生上課，這是我很想觀察瞭解的部分。

當老師出現時，我們已經拿到學校發的空菜籃子和一瓶冰水，在炎熱高溫的天氣，在戶外集合是隨時需要補充水分的（可見學校有多貼心）。

我們一票二十幾個人，跟著老師，前往菜市場，聽老師熟練又精確的介紹食材。一邊講解一邊採買，慢慢地將我們的菜籃子裝滿各種顏色的菜，這時學生們早已迫不及待地提著菜籃子拍照留念，捕捉當泰國菜籃族的自己，大家瞬間變成了觀光客。

這位老師很有經驗扯大嗓門：「大家看過來——這是辣椒、打拋葉、南薑、檸檬草、圓茄、香菇……等。看仔細囉！」

當我指著茄子問老師：「老師呀，這茄子貴不貴？」老師笑著答：「一公斤茄子大約十五元，這邊的菜物廉價美的很，全泰國最便宜。」

接著，老師又帶大家轉到賣椰子的攤位，讓我們看了椰子肉榨出椰漿和椰奶的全部製作過程，這是我首次看到覺得挺有趣的。

雖然只有短短二十來分鐘的市場參觀採買，但我卻感覺收穫滿滿，親身體驗果然比看電視節目，或者翻食譜書來得令人印象深刻許多。當我們要回學校的路上，只見大家雀躍的滑著手機傳照片，似乎都覺得是難得的體驗。

回到學校，擁擠的休息室內，坐滿學生，感覺熱鬧又歡樂。當買回來的所有的食材全部被擺鋪在地上，眼前根本就是一幅美麗的圖畫，加上學校員工身上穿著花花綠綠的衣服，賣力又說又唱又演的，帶動氣氛功力一流，動不動就穿插著英文，「Don't worry be happy，一切交給我們就對了。」讓我覺得這邊的員工可能都受過訓練，才能成為團康高手。

席地而坐的泰國傳統

除了所有的東西都擺在地上外，我後來才發現上課的教室也沒有桌椅，所有人席地而坐，據說這是泰國東北部的傳統擺設，色彩豔麗的草蓆，擺放著藤製的康托克（Khan Toke）[1]，上面放滿我們剛剛買來的紅紅綠綠的蔬菜、石臼、木頭砧板、泰國菜刀，土陶製器皿和五顏六色新鮮的香料，哇，看到這些別具風味的泰國廚房食材與器具，真是讓人嘆為觀止，這下同學們又馬上展開手機搶拍大戰。

老師上課的方式生動活潑，不用寫筆記，對於我習慣要記下重點的人來說，算記憶力大考驗，還有要我坐著腰彎在地板上切菜，也好特別。

老師帶著我們瞭解泰國的歷史與文化，他有感而發地說著：「兩年前的曼谷大水災，總是讓我想起泰國國王說過的話，我們蓋房子有四根高高的柱子，將房子頂在上頭，就是避免低窪的曼谷下雨造成淹水，可惜，現在的建築都是西式建築，並不將這點考慮進去。」

接著老師又逐一講解食材，並指派大家分工合作，上課就像脫口秀節目，歡笑聲從沒有斷過。

1　康托克一詞源自圓盤（Khan）和小圓桌（Toke）所組成，泰北與東北區用餐時使用的矮腳小圓桌，一般為木製，桌腳大約三十五公分。

露天炒菜，炒High氣氛

老師一一介紹泰國的食材和作法並分享許多的小故事，不過許多人都沒穿襪子，但幸好有許多香料，否則，味道可能不會太好！

沒有食譜卻一樣能學做菜，助手早已把大家要完成的每一道菜，食材和調味料通通準備好了。幾十位同學，大家一起走到陽台，每人對站在一個瓦斯爐前，接著，由老師持著大聲公，開始發號司令，鍋子要加油，放咖哩，加椰漿……，老師一個口令，同學一個動作。

就是這樣反覆著——掀開鍋蓋，放沙拉油，開火，把油燒熱，

席隆廚藝學校。做菜像作戰，每一個鍋子都戴上頭盔迎接等著大秀廚藝的學生。

到菜市場認識泰國蔬菜和辛香料。

接著放入料，翻炒、倒椰漿、加椰奶、放雞肉、加茄子、調味料、放辣椒、九層塔，關火，把菜裝好，放回桌上，再回來做下一道菜。跟隨老師口令，十分鐘不到，一道菜就輕易完成端進休息室，等到三道菜做完，就要準備吃飯。

照口令做菜，炒菜變得很像做運動會的大會體操，講台上老師做示範，同學依樣畫葫蘆。而趕不上進度的同學也別擔心，老師和助手會隨時注意你，並站到你身邊，一路幫忙到底。

三道菜大功告成，每位同學臉上都露出自己是主廚的得意微笑。學校也貼心備好各種美味泰式甜點，讓同學享用，為這一堂課畫上

席隆廚藝學校。欣賞自己剛剛做好的酸辣蝦湯，和來自法國、英國和馬來西亞的同學們一起大快朵頤。

美妙的句點。

快樂的泰國料理一日遊

與其說這是一間廚藝學校，不如說這是一間販賣廚藝經驗的傳統可愛小店。學校很貼心的照顧每一位到訪的學員，雖然這兒只是一棟公寓，但是牆上滿滿都是傳統的泰國居家布置擺設，而每個櫥櫃上面也放滿傳統泰國廚藝會使用的器具和香料，彷彿進入時光隧道，來到泰國皇室貴族之家。

我們也有自己的小小置物櫃，餐桌上則擺放著印刷完好的食譜書、泰國介紹等書籍，無限量飲料供應，也有印刷精美的明信片印著食譜，可以自由索取。

這也是我第一次跪著切菜，坐著搗咖哩，學泰國傳統跪坐法。據說泰國傳統家庭都是坐在地上，搗咖哩、吃飯和睡覺。我一腳在前，另一腳在後，讓屁股壓坐著，來自各國的朋友聚在一起，大家因為泰國廚藝相聚於此，享受零距離不做作的歡樂氣氛，也變成我此行的美好回憶。

娛樂大於學習是這間學校要傳達的宗旨，如果你只是要給自己在曼谷安排個快樂的廚藝假期，那你一定要選擇席隆這間學校，保證值回票價。

3 繼承百年傳統：UFM烘焙廚藝學校

UFM烘焙廚藝學校是我在泰國的第二所廚藝學校。

這是和我一同在第一所的泰國廚藝學院（Thai Cooking Academy）上課的俄羅斯同學大雄找的，我本來不曉得有這所學校，本來我們要兩人一起去上課，但是後來大雄丟下我，跑去Pattaya度假，但是我照著原定計畫前往。

UFM學校在曼谷有兩個校區，分別是蘇坤威和暹羅。

蘇坤威校區面積最大，位在鬧區蘇坤威三十四巷弄內，身處在鬧區中的UFM學校附近巷道內也很精采，有酒吧餐廳、旅行社、語言學校、泰式按摩店等等，還有一些超市和麵包店、生活用品店、書店和咖啡店。一路上熱鬧無比，是一條生活機能超強的巷道。

這是泰國最大、歷史最悠久的麵粉廠UFM（United Flour Mill Public Co.），在三十五年前成立的烘焙學校，這間學校不是營利為目的，而是以培養專業技術的烘焙師為主。由於有來自麵粉大廠的支持，因而以擁有最新設備與專業課程而聞名，許多當地人想要學甜點、麵包烘焙專業技術做為專長，UFM絕對為首選。

UFM後來也陸續開設了烹飪課程，不僅有泰國料理課程，也規畫了國際料理課程，以提供給來自本土和國際學生來學習。學員完成長期課程後，可以再選課增加專業技術。

可能因為是國際麵粉大廠的關係，學校櫃台掛滿一整面牆的大合照和獎牌，全都是國際間烘焙相關單位研發產品交流得獎的紀念品。

UFM旗下也有食品研究中心，開發多樣的預拌粉等產品，並提供技術轉移給國外許多研究學術中心，上課期間，我還碰到特地來此取經的菲律賓烘焙協會成員。當然它也擁有自己的超級市場、麵包店和麵食館。這所學校和台灣的中華穀類研究所有不少相似之處。

這個學校規模很大，分為烘焙和料理兩棟大樓，每一棟大樓都有完整的廚房和辦公室，樓下是烘焙坊和麵包工廠，上課的教室則比較像台灣的實習教室。

學校以課程多聞名，烘焙課和料理課是主要的專修類，不過還是以烘焙類課程和學生最多。烘焙課分為麵包、蛋糕、蛋糕裝飾和冰淇淋等；料理課有泰式、越式、義式、歐式、中式、果雕、傳統甜點、泰式麵點，五花八門的國際餐點和街頭熱門小吃應有盡有。

←位於蘇坤衛路的UFM廚藝校區有兩棟大樓。

บริษัท ยูเอฟเอ็มฟู้ดเซ็นเตอร์ จำกัด
UFM Food Centre, Co., Ltd.

廚房有完整的器材，不需自行攜帶或購買，也有制服或圍裙，下課後歸還就可以。而且每人都有一份完整的上課食譜。

課程設計十分完善，經過訓練的老師基本上以泰語授課，英文為輔。這裡的外國學員以日本人居多，台灣的學員很少。

課程規畫分長期課程、短期課程，有長達四個月的課程，也有短短三天、四天的課，還有假日進修班。如果有些特殊的菜色，也可以私下和老師討論一對一上課，我學習皇家甜點的課程就是跟老師討論出來的獨特課程。如果以五天短期的料理課程來說，從早上九點到中午十二點，約在五千五百泰銖（詳細價格請參考網站報價），持曼谷捷運卡（BTS）可享有一〇%折扣，或者報名超過兩個課程也有一〇%折扣，三個課程則享有一五%折扣，四個課程享有二〇%折扣。

修業證書的取得

如果同一種科目修業超過兩期，校方才會頒發修業證書。比方說，泰式料理上兩期十天，麵包上兩期，果雕上兩期，都可以得到修業證書。可是無法合併其他科目，例如一期泰式料理加上一期的歐式料理，一期泰式甜點加上一期傳統麵包，這些不能合併成為兩期課程，也就是無法取得任何一張修業證書。

修畢後，UFM頒發的修業證書，可是經泰國政府認證的！

福利的麵包

每天下課，你都可以看見在大樓一樓進出口的換證件處，有好幾大籃框剛剛包裝好的麵包。這些麵包大多是烘焙班學員的作品，因價格只有市售的一半，幾乎人手一大袋，有時還有超市麵包店未售出的糕點、麵包或破碎的餅乾，其中也有很特別的當地口味如：斑斕蛋糕或者傳統椰子類甜點。

泰國的糕點、麵包有許多台灣的古早味的影子，這些麵包宛如像時光倒流機，帶我回到四十年前的台灣。

烘焙材料店

在料理大樓一樓的旁邊，有一家烘焙材料店，從原物料到模型器具，還有包裝材料，一應俱全。我的泰式銅鍋和泰式甜點模型就是在這購得的，價格比美洽圖洽市場，雖然不是全曼谷最便宜的，但這家店提供了方便且齊全的用具和材料，來這買烘焙器具就對囉。

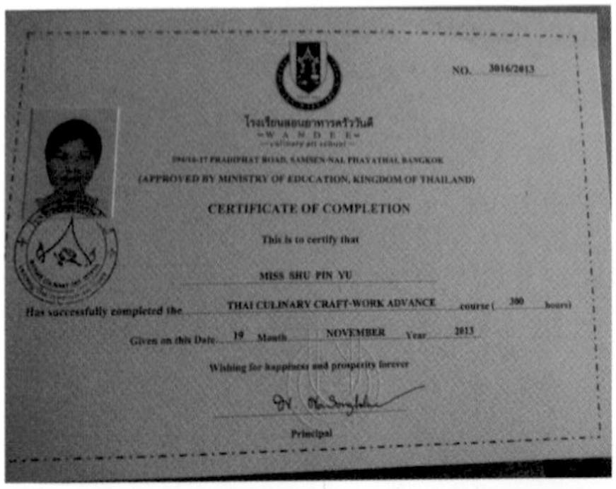

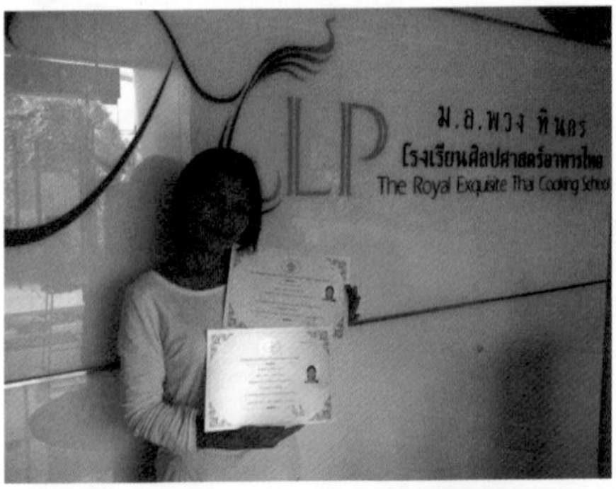

Wandee女士頒發畢業證書。

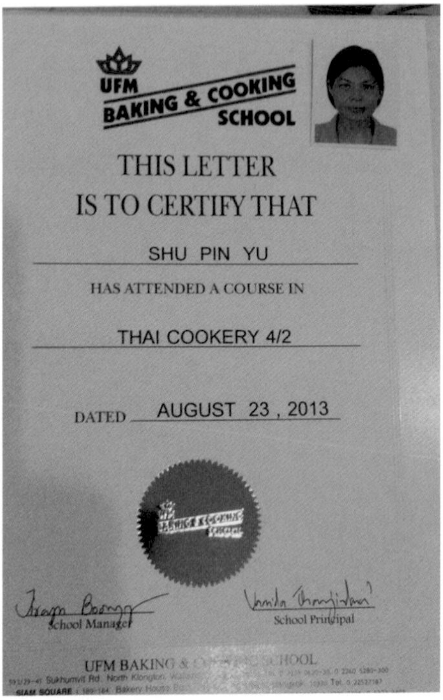

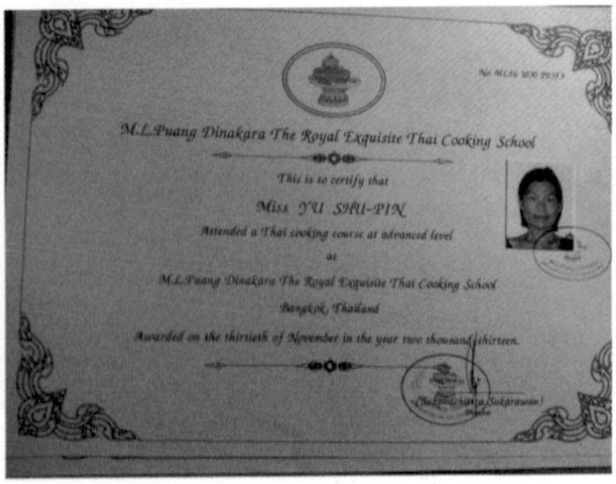

畢業證書大合照。

4 小班制專業教學：泰國廚藝學院

這間泰國廚藝學院（Thai Cooking Academy Bangkok）的網頁做得十分吸引人，課程從專業課程到觀光客、公司行號團體廚藝課都有，還有餐飲顧問服務項目，如果你需要泰國廚師到你的餐廳擔任指導，它也能提供這樣的服務，這就表示它和餐飲業界的關係很緊密。

School和Academy的差別，是給人專業度的感受，雖然從網路的影片和照片看起來很像是家一樣的平民親切，不過，這邊的師資都是大有來頭。

網路上說結束主廚課程，內容為教授八十道菜，教師群都是泰國廚師協會會員、泰國五星主廚或者比賽評審委員，光是這點就很能說服我選它，於是我就這樣選擇了泰國廚藝學院當我的第一個學校。

感覺上。除了知名度沒那麼響亮之外，學習的內容和服務似乎看起來不錯，學校成立的時間雖然不久，但是擔任經理的普吉（Phuket）可是英國藍帶畢業生。

學費大約十萬元，兩個月的上課時間，畢業之後還可以去實習，居留超過兩個月，學校也會幫你申請簽證。

我後來決定來上課也繳完費，人都已經站在學校，才弄清楚原來網路上介紹的老師只有兩位目前在學校任教，每週一到五上課，四週學完八十道菜學費是十萬泰銖，包括食材，但是不包括器具，而且還可以穿便服上課。

再來，觀光客如果超過兩個月，必須要申請居留延期，學校並不會幫你申請延期簽證，你要回國或者搭乘十小時的巴士到寮國邊境辦理，或者回國再加簽，當然也沒有實習這件事呢，可見網路的介紹有不實之疑。

不過小學校倒還是有人情味的，當我學習結束之後，校方主動讓我留在學校當助手。這段時間，讓我除了更加深香料的拿捏之外，也更熟悉教學的流程和使用英語教泰國菜。

這邊的課程進行都是採小班制，也經常是一對一，最多不超過四位學生。上課方式和藍帶比較相似，會由老師親自示範所有的菜色，下午就輪到我們實作，還原老師剛剛教過的菜色，每人做自己的，所以學習過後不容易忘記，這是一種很好的方法。

泰國曼谷只要一發生示威抗議活動，就會影響觀光，間接的讓以觀光課為主的學校，生意一落千丈關門大吉，但是泰國廚藝學院，不僅存活下來，甚至於還在華

在泰國廚藝學院，我們不用蒸籠內的食譜，真正的食譜是上課後，自己做過菜之後寫下來的。

泰國廚藝學院創辦人雷恩頒發畢業證書。

泰國廚藝學院老師教團體班，助手必須將學生的材料分組編號備好。

欣開了兩間分校，可見一定有它能生存下來的原因。

這兩年，我也推薦過不少身邊的廚師朋友到泰國廚藝學院短期進修，熟識老闆雷恩（Run）與經理普吉，除了比較安全之外，還可以量身訂作一些你真正需要的課程。

5

五星級名校：東方文華廚藝學校

據說，光是在曼谷有大約五十間廚藝學校，更別說清邁、普吉島等地，不少泰國的廚藝學校也同時是觀光景點。泰國開設廚藝學校的門檻，可大可小，小到只有家裡的廚房，大到國際級專業的廚房規模都有，許多大飯店和餐廳也將經營面跨足廚藝教學，享譽全球的泰國東方文華飯店的廚藝學校，便是享譽國際的名校之一，人在曼谷，沒有不到此一遊的理由。

我是透過飯店官方網頁，得知可以選擇套裝行程，住宿加上廚藝，還可享受SPA和文化體驗門票及購物折扣等好康，怎麼算都划算。我是和友人在文華的泰國餐廳（Sala Rim Naam）用餐完畢，順便參觀位於餐廳後面的學校，然後拿到詳細的課表和說明手冊，隔天便以電話報名參加團體班，選擇電話報名是明白飯店的服務到家，絕對不會弄錯，我有過網路報名其他廚藝課程的經驗，結果學校網路發生問題，讓我白跑一趟。

東方文華飯店附設的泰式廚藝學校，只要搭乘BTS（Sky Train）在沙番塔克辛站（Saphan Taksin）下車，二號出口，下了天橋就是碼頭，碼頭掛有飯店招牌，搭乘飯店的免費接駁船，廚藝學校的位置正好在文華飯店對面。

報名團體班卻變成一對一教學

我的運氣很不錯，一踏入教室大門，主廚帶著微笑歡迎我，飯店經理送上咖啡之後告訴我：「今天上午只有一位學生，你很幸運一人一間教室，團體班變成包班，通常一位學生課程都會被取消，但今天沒有。」根據上課經驗，我很喜歡一對一授課，有VIP的專屬感。

這家大飯店附設的學校，據說是泰國曼谷廚藝教室的始祖。通常我們對飯店廚藝教室的印象是，開課時，將飯店某一間餐廳或者會議中心，布置成教室，搬運上課所需要的廚具和材料，下課後，再恢復原狀。

這邊學習的菜單，每四個月更換一次。廚藝教室則是一間獨立的建築，外觀是一間被綠色花草包圍的老房子，推開木製玻璃雙門，進入眼簾的潔白牆壁，搭上老舊木質地板。歷史悠久的傳統泰式竹製用具和照片，高掛牆上，紅色椅墊的木頭座椅，整齊的擺放，大約可以容納十五人，搭配大理石桌，教學示範桌在教室的最後面，正上方的空中則有一整面的專業教學用的玻璃大鏡子，讓學員遠遠的也能看見桌上鍋碗內的材料，示範桌後面有教學用白板，兩邊分別有兩個木頭玻璃門，推開門後，就是備料廚房，裡面有許多工作中的廚師和掛滿所有泰式傳統廚具。連著示範教室旁邊的空間，沒有隔間，是實作廚房，有著完整爐具，另外是鋪好餐巾設置擺式的正式餐桌區。

我當天的課要學四道菜，分別是前菜：蒸蟹肉花餃、主菜泰式炒麵，湯：辣燉排骨湯和甜點南瓜布丁。

因為是一對一教學，主廚邀請我到示範台上和他一起工作，零距離看著他，跟著學習。文華廚藝畢竟是國際飯店背景，所以在做菜方面的技巧，較偏向西式做法，舉例來說：主廚刀使用的是西式而不是泰式，刀法也採用西式切法。

那位主廚是接受過飯店訓練的英語講師，加上原本就是老師的背景，能言善道，風度翩翩，很像泰國的「阿基師」。他對食物深入認識，料理歷史背景，講解精闢，包括許多小故事，課程當中也不斷拿出傳統泰式料理的器具，藉此讓我感受泰國的飲食文化，這點是許多學校的老師沒做過的事。

午餐後，領到結業證書，新的圍裙和裝有香料的手提包當紀念品，這樣半天的廚藝課程，大約需要四千泰銖，這真是一間讓人想要多上幾次課程的學校。

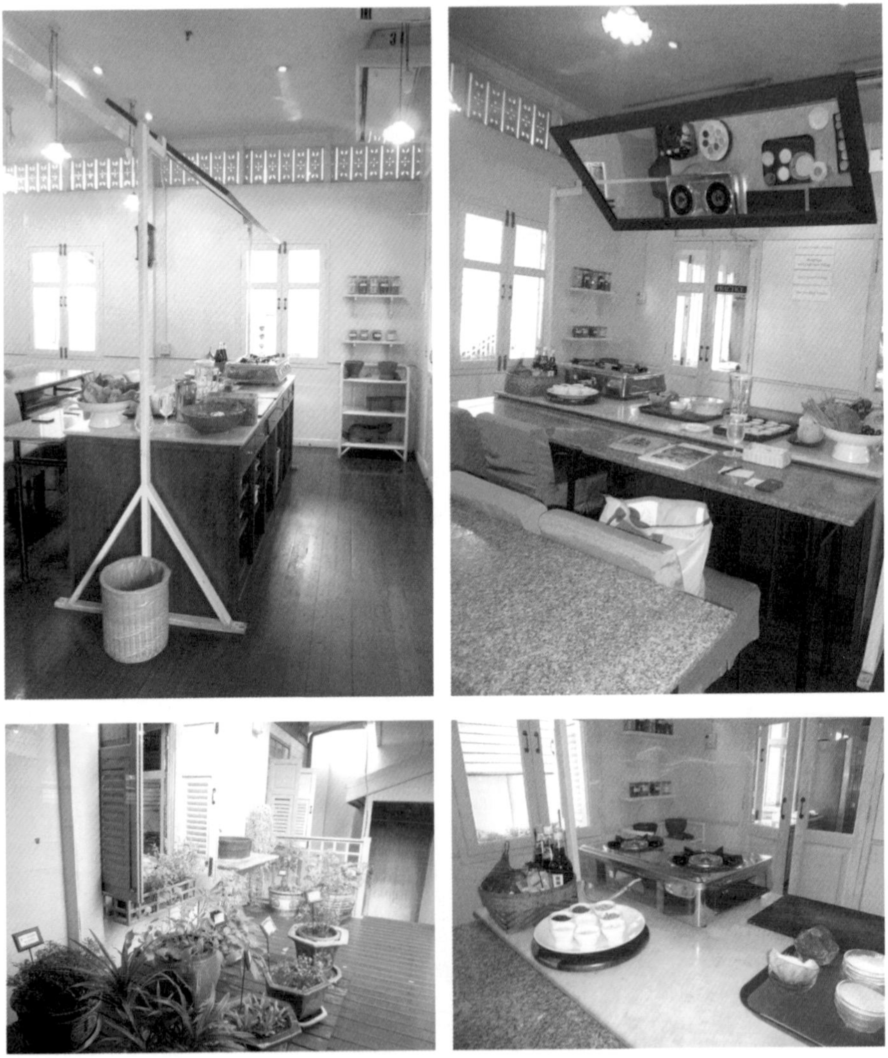

東方文華的廚藝學校和飯店一樣，是五星級的廚藝學校。

下課和主廚一起享用午餐，真是貴賓級的接待規格。

下課領到結業證書，還有圍裙和香料包做為伴手禮。

東方文華廚藝學校主廚Narain Kiattiyotcharoen教授泰國皇室宮廷料理。

6 首選夢幻名校：藍象廚藝學校

要說「藍象」是泰式廚藝學校的代名詞一點也不為過，大家對這間盛名遠播的餐廳，都有著美好印象，絡繹不絕的旅客紛紛到此朝聖，學習廚藝，加上泰國觀光的主力宣傳，讓人們到泰國學廚藝也成為重點行程，藍象學校更成為大家心目中的首選。

在百貨超市有藍象廚藝的專櫃產品販售，這個和法國許多名牌餐廳一樣，當知名度累積到一定程度，市場有需求，勢必開發許多商品，滿足消費大眾需求。餐廳加上廚藝學校對美食料理的權威和專業度，其商品也比同類更具說服力。

藍象的歷史

藍象是一間有歷史的餐廳，由一對比利時夫妻所開設，藍象的餐廳提供的菜

藍象皇家廚藝學校頒發結業證書。

結交來自世界各地、各行業的人也是上課的額外收穫，下課後和澳洲眼鏡設計師合影留念。

藍象廚藝學校，設備和規格不僅一流，也是一間高級餐廳，讓你有著自己像個大廚一樣的氛圍，和同學們一起享用現學現賣的成果。

色，就算沒吃過也一定耳聞過，但對到此一遊，上一堂廚藝課還是讓人充滿期待與幻想。

藍象餐廳的地點，搭BTS在Surasak站下車，在月台上就能看見有著紅色屋頂、奶油黃的牆壁與藍白相間的整棟具有泰式風格的洋房。

推門進去一樓餐廳，古色古香的泰國味道，廚藝教室在三樓，從一樓到三樓牆上掛滿宣傳海報和主廚遠赴歐洲學習廚藝和媒體採訪照片，這是有歷史的學校才能辦到。

藍象的課程幾乎和所有廚藝學校一樣，半天課程分成上半天和下半天，我上網報名了兩節課，一節上午班，一節下午班，一堂課學費價格落在接近四千泰銖左右，兩節課一起報名有折扣，這樣對我來說比較划算。上午班課程有安排逛菜市場，下午班則沒有。我必須參加兩堂課，才能知道上午和下午進行的差別。

還有一點要注意的是在名校上課，要碰運氣，怎麼說呢？要看你班上的人多不多，如果班上只有六位學生一起上課會很舒服，也能達到交友目的。如果不幸，超過十五個人的團體大班一起上課，不但會很吵，可能也減少和老師互動的機會。

我報名的上午班，由藍象的助理負責帶我們去逛菜市場，重要的主廚擔任開場的第一道菜介紹，然後就讓助理主廚接手。欣賞這些身經百戰、英文講得極好的主廚，做出皇家擺盤的菜色，非常專業，若是對廚藝有任何問題，也都能得到解惑。

半天課程有四道菜，我們看完每一道示範菜，品嚐之後，馬上穿上圍裙，到廚房演練一次。這時候千萬不要緊張，因為所有你需要的一切配菜和調味料，廚房龐大的助手團已經準備好了，你要做的工作只剩下切菜和炒菜。藍象的實作廚房是所有廚藝教室中最大的，學員ＤＩＹ做菜，若有問題，身邊的助廚們主動即時幫助，就算你是第一次下廚也能和大家一起完成料理。

加上它運用餐廳優勢，同學們可以在餐廳品嚐自己的作品，還有餐廳免費提供的甜點，能讓你無形當中過足當大廚的癮。我想這是餐廳的優勢，遠遠勝過一般廚藝教室。

嚴格來說，藍象的菜色是比較西式風格的泰國菜，創辦人索梅妮（Nooror Somany）為泰國王室御廚之女，承襲了極少數人才知曉的皇家食譜，但是她也曾經到巴黎藍帶學校進修，從擺盤、配菜和調味，都能看見東、西方料理融合的影子。

我兩次上課的經驗，在藍象廚藝學校收穫很多，特別是學習到老師的授課技巧。主廚們個個能言善道，在知識與授課上都是國際級廚藝教課法，面對來自世界各國學生的發問，回答遊刃有餘，要知道英文並非泰國主廚的母語，但是他們卻如此精通，很值得學習。

藍象廚藝學校主廚和助手示範泰國皇室料理。

7 皇家精緻饗宴：M.L.Puang

MLP（M.L. Puang Dinakara Thai Culinary Centerhttp://www.mlpuang.com/aboutus_en.htm）這學校是泰國廚藝學院的老師推薦給我的，這是一家教授皇家精緻泰式菜餚的學校，創辦人來自皇室的廚藝系統，學校附近沒有直達的地鐵，面對交通不便，最好的方法就是搭小黃前往。

專業速成班

學校位於巷道內的高級住宅，像一間低調奢華的ＳＰＡ會館，門口有噴水池，進門要換拖鞋，牆壁上的黃銅壁花，洛可可風格的絨布沙發，天花板上吊掛水晶燈，與櫥窗內的高級瓷器相呼應。

透明玻璃看過去，是開放式廚房，上廚藝課像是來做美容保養，洗手間更是美侖美煥，有整面牆的流水瀑布池，底部還養著金魚，落地明鏡滾著銅飾花邊，根本是五星級飯店的衛浴設備，每個人都有專用圍裙和拖鞋，我還沒參觀完就已經決定，一定要體驗這所貴婦級廚藝學校。

不熟悉泰國菜就別來上課

要提醒大家的是，在這邊的上課方式和所有學校都不同，一天學做八道菜，每一星期可以學習四十道菜色，也有一日課程。我提出擔心的問題，「請問一天做八道菜時間夠嗎？」我問老師。

「當然可以！不會有問題。」年輕老師自信的回答。

「這樣上課效果會好嗎？」我繼續發問。

「很多想開店的人來上課，還有海外的僑民慕名而來。」他說。

老師自信滿滿的表示我的所有擔心都是多餘，原來學生都是泰國人，並且對泰國菜都先有一定的認知，就像我們從小吃中國菜長大一樣，要學習中國菜自然比外國人簡單許多。所以對不懂泰國菜的人來說，可能上完課，還搞不清楚什麼是魚露、南薑和棕櫚糖，這樣可能就會辛苦一些。

上課的方式是一對一教學，所有的材料助手都準備好了，包括：現成咖哩、鋁餡包椰漿，切好的大蒜、辣椒末等經常用的材料，就像在餐廳廚房工作一樣，所有的備料都已經到位，只等我親自料理。當然最大的享受是在一間美麗又舒適的廚房，自己就像是一個美麗的女主人，輕鬆就能端出一大桌美味泰國佳餚，並且還不需要整理環境和洗碗盤。

不過這樣的課程或許是初學者不敢也不宜報名的課程，而我，則是抱著總複習的心態，把過去五個月以來學習的技術和菜色，再努力練習一次，同時也想學習餐廳快速上菜和偷吃步的調味法。

大家最想知道，學費是不是很昂貴呢？比起一週要價二萬五千泰銖的泰國廚藝學院，這邊一週課程的收費大約在五千五百～六千泰銖左右，長期班則看課程長短以此類推。

8

專業廚師認證學校：汪蒂廚藝學校

我之所以能找到這所學校，全靠一本書，我雖然不懂泰文，但是還是常常會去逛泰文區的廚藝食譜書，反正光看看照片也高興，有一次我忽然瞄到一本書，它封面上的甜點特別的可愛，於是我翻開找到這本書的作者。

這本書的作者竟然掛名為一間學校，Wandee Culinary Art School，這個學校的創辦人是一位有名的皇室廚藝教師，原本就是大學廚藝老師的Wandee老師，是第一位將泰國皇室中出現的料理，整理成為一套食譜書發行的人，因為這樣她也引起了泰國皇家重視，成為皇室的專門廚藝教師。

光從學校牆上創辦人與泰國公主的合照可以看出她和泰國皇室深遠的關係，高齡已經超過八十歲的Wandee女士，到目前為止還是經常出現在各個媒體接受採訪，她有著平易近人的作風，能和學生打成一片。

學校就是廚師證照考場

事實上每一個學校都教授傳統泰國料理，但到底汪蒂廚藝學校有何不一樣呢？第一，這是一間正式的學校，學校廚房的規模非常標準，其次，特別的是這個學校也是泰國廚師執照的考場，要知道如果沒有泰國廚師執照，是無法受聘到海外飯店餐廳工作，這兒的畢業證書可是經過教育部認證，所以算是一間正式的學校而並非坊間的補習班，想當然爾授課內容便涵蓋廚師證照考題。

它的課程分為長期課程和短期課程兩種。

對於短期課程，多為一日課，有果雕、肥皂雕、皇家甜點和泰國料理等選擇；而一對一的專業課程，則是一個進修的地方。

至於專業的長期課程則有分基礎班和高級班，兩種課程上完就需要兩個月。一般新手會選擇的基礎班是以傳統的泰國料理菜色為主，因為這個學校已經開辦超過二十年，所以累積的教案和教學經驗非常豐富。

來到高級班則會增加證照的必考題，另外，雕刻課程還有花藝（baisri）、花環（phuangmalai）的製作和葉子器皿（krathong）插花和摺紙巾等高難度課程。

比較可惜的是現在泰國廚師執照尚未開放給外國人報考，不過學校的畢業考，比考執照還要困難，也許將來開放後我還能回去考證照。

團體分工完成作品

這裡的教學方法是先講解作法，再到廚房和老師一起實作，以泰國學生居多，大都是團體班授課。示範課會先由老師在教室中講解，這點很像開行前說明會，根本沒機會看到老師完整的作法，而換到廚房也是團體一起來完成當天的菜色，我個人認為這種方式學得比較少，因為少了自己親手完成的經驗。

我跟學校反應，學校告訴我：你們外國人可能適用另一套教學系統和收費標準，我心想這樣最好。

因為是一對一英文授課，和團體分開上課，自然費用會比較貴，這是正派經營的學校，網路上會有許多公開資訊，報名之前，校方也會親自再做詳細的說明。

提供住宿是學校的服務項目之一，這部分也是外國人貴很多，這點我便想不通，只是因為我有比當地人多出鋪床服務，如果我不需要這項服務，或許租金會一樣吧，在泰國，外國人做什麼總是比較貴這件事我已經習慣了。

房間非常簡單，有雅房和套房兩種，電視和網路包括在內，冰箱共用，洗衣機使用付費（二十泰銖）。房間價格約在五千五百～八千泰銖不等，最重要的是宿舍就在學校正後方，從宿舍的大門通往學校的後門只要花三分鐘。

Wandee廚藝學校有完整的廚師團隊，每一道菜都讓學員親自完成。

Wandee學校所學到的料理，不僅發揚傳統菜色並且承襲美味。

二十天一個循環的獨立課表

基礎班是一週五天，整整有二十天的課，每一個人到此上課，都會有自己的上課行事曆，這和其他學校很不一樣。

二十天課程是一個循環，哪一天開始，就在哪一天結束，上課日期可以自己調整，有一個澳洲人每年回到曼谷來上課十天，基礎和高級班總共念了四年，才參加畢業考。換句話說，每一天都可以是開學日，也是畢業日，只要可以跟上學校循環的課程表，期末考也能單獨安排。要特別注意的是，如果到曼谷簽證只有兩個月的停留時間，就要先算好是否能在時間內完成學習，否則光搭車一天來回十小時到寮國邊境申請簽證，非常辛苦。

我在這個學校碰過一位日本上班族，本來想要轉行去民宿工作，所以希望自己能燒出道地的泰國菜，因此特地來曼谷Wandee上課，兩個月時間內要完成基礎和高級班總共四十天課程，等於每週一到周日都在上課，根本沒有時間到處參觀，緊張的學習課程，也減少體驗文化的機會。

這本書很好用

這本書很特別，是講述三個泰國王朝時期的泰國菜傳說（*Legendary Thai Dishes in Three Eras*），書中有三個皇室時代的飲食文化與故事，圖文並茂，加上食譜，這本書很具收藏性，我雖然看不懂泰文，但是因為它讓我能找到這所學校也算是個很意外的收穫。

想學習效果更好請你這樣做

1. 學會整理資料，首先將菜色實際操作，獲得經驗再整理，便能讓自己更清楚技法和菜色的來龍去脈。
2. 學習是需要自我投資，透過課程、買食譜書或者去吃各式各樣的美味料理。
3. 主動觀察老師、廚師、店家或者路邊小販的製作過程並開口詢問。
4. 將心比心，對方能夠傳授珍貴的經驗和技術，並非不勞而獲，如果透過學費，能獲取你要的技術和配方，這是最好也是最快的公平方法。
5. 交情不夠或者輕易開口討來的，輕易獲得來的技術或者配方，是不被珍惜也不夠完整的。

怎樣深入瞭解泰國飲食文化

1. 泰國是世界上最早的無國界料理，想瞭解泰國飲食文化可以先從泰國歷史背景開始。
2. 泰國美食是街頭美食文化，打聽各地的傳家美食和獨家祕訣，然後到處吃、到處學，來瞭解泰國各地區的美食文化差異。

PART 3

泰國菜的神祕殿堂

跟我一起進入「泰國料裡」的神祕殿堂。

其實真的說不上究竟我六個月所學的夠不夠專精，因為泰國料理我也只能算初學者，學習期間自己曾被一些問題困擾，甚至期待快點學完好歸國去，但是我還是待到最後，完成全部想學的有關泰式料理的部分。

關於泰國料理學藝之旅，我原本以為都是以前常吃到的那些泰國菜而已，但是等親自飛到泰國之後，才發現自己錯得很離譜，不過我並未因此放棄，反而更認真學習，無論是泰國傳統名菜、地方菜、街頭小吃、甜點，甚至連最難的果雕我都傾全力學習。

回到台灣後，我常回顧在泰國學藝的那段生活，瞬間明白一件事：當你努力專注在一件事情上，即便你沒有得到最好的回報，但一定會從中成長、茁壯，當我理解這點後，我知道這半年泰國學廚藝的辛苦絕對值得。

你對於學習料理廚藝感到有所疑惑嗎？

你對於跳脫傳統換一個不同的視野去學習料理有渴望嗎？

你曾想到過要去泰國學習廚藝嗎？

讓我們一起拋開傳統刻板的印象，一起瞭解真正道地的泰國菜到底該如何學，該如何認識！

1 丟掉手中的觀光指南

當你想要深入瞭解某件事時，常會遇到一種狀況，看越多，心越混亂，就如同我對泰國菜這件事的看法，泰國菜到底是什麼？為何在台灣和泰國吃的泰國菜差異如此之大？經過改良創意的菜好，還是百年傳承的正統泰國菜才是王道。

對外國人來說，泰國的地方菜色不容易分辨，但是對遠赴泰國學廚藝的我卻極其重要，唯有尋根到源頭，才能明白它的演化，這也是我親自來泰國的原因。

首先，把手上的觀光指南全丟掉吧，否則吃來吃去都是外國人的最愛而已，千篇一律的人氣排行菜，這些菜為討顧客歡心，會融入西式擺盤或其他口味，我的泰國老師常跟我們說：「我們泰國人做這道菜才不會這樣做。」

來到泰國，入境隨俗之後我才發現，太多我在台灣沒聽過也沒看過的小吃、小菜和路邊攤上賣的地方風味食物。因為大開眼界後我越想深入瞭解，一邊學習並一邊慢慢去搞懂，我至少得知道泰國菜的原貌才能值回票價。

無敵鐵胃是必備品

出門在外，除了要買保險之外，照顧好身體是非常重要的，到熱帶國家旅遊多半都是叮嚀要小心飲水，避免吃生食，當心水土不服等等，來到泰國自然不能免俗。

到底何時會拉肚子，到底吃了什麼容易腹瀉，我沒有答案，但是事實就是如此：「拉肚子」是來泰國學廚藝兼旅遊附加的小贈品，之前就有許多朋

1.湯麵調味四大天王（砂糖、醋、魚露、辣椒醋）。
2.入口即化泰式龍鬚糖包裹潤餅一起吃。
3.五顏六色的泰式糕點，自吃、送禮和拜拜都很好用。
4.東北的竹桶糯米糕。
5.我最愛的午餐，百吃不厭。涼拌木瓜絲和糯米飯。
6.椰子冰淇淋加上花生是泰國的招牌冰。

友提醒過我，叮嚀我胃腸藥要準備好，不要隨便吃生食，但是即使我乖乖聽話，但來學廚藝，哪有不以身試「味」的道理。

我自認腸胃超強，在曼谷，我有特別小心，所有可能會引起腹痛的食物我都敬而遠之，沒想到事情還是發生了。

我曾經發生幾次嚴重的拉肚子，毫無預警，肚子一陣絞痛，衝入廁所N次，拉到整個人癱軟，準備去急診，還好最後平安無事。

在曼谷，我只喝罐裝

路邊攤的炸物相當豐富，從炸蝦餅、炸豬肉條、炸香蕉、炸魚到炸蟋蟀應有盡有。

水，只吃熟食，嚴拒生冷，但還是會碰到拉肚子事件，索性，我後來以毒攻毒，大開吃戒，生冷不忌，也開始吃起路邊的切片水果，喝現煮的泰式奶茶，路邊攤所有的小吃都來者不拒，反正會拉就會拉，不如開心吃吧！

學習廚藝自然要吃，基本上我是靠味覺寫日記，任何一個試吃的機會自然要好好把握，但是，還是要有原則：如衛生條件很差或者食物看起來就不清潔，油炸的油已經變黑，蒼蠅在食物上飛來飛去又或者老鼠在攤販車底下亂跑，那又何必拿身體安全開玩笑。

「不乾不淨吃了沒病」，這句話在我搬到Wandee學校宿舍的時候，我在心裡默默把它改成，「生不生病都不怕」，因為我的宿舍附近有兩家醫院和一間警察局，有了這幾張安心牌，沒啥好怕的。

幾次嚴重的腹瀉，最後都沒有看醫生，不藥而癒，我想應該是吃了當地不乾淨的食物，累積許多抗體了吧。

「原汁原味」最對味

我們在欣賞異國文化時，就該欣賞它歷史悠久的精華，要原版，最具特色的，就好比我們看畫，首選當然是真跡。然而為什麼我們在品嚐異國美食，有時卻希望調整原味來符合我們期望的口味。

有人覺得法式甜點太甜，就改成比較不甜的做法，法國人吃了可能會搖頭說：「這不是我們法國味。」我們到美國的中國城吃飯，一定很受不了，中國菜變成了只有糖醋和油炸。

說到重點了，大家對泰菜國的普遍印象是酸、辣，以異國的菜色來說，有點接近中式菜餚，卻又蘊含著更多奇特的香料芳香料理，很能配合時令需求，夏天開胃，冬天暖胃。

但是，在台灣，我們吃到的泰國菜已經「失真」，被改成最接近中國菜的泰國菜了，有回朋友問我：「你到曼谷去學泰國菜，泰國菜又酸又辣，回台灣，你有沒有想要改良？」

我答：「其實我在曼谷學的菜色都非常好吃，酸、甜、鹹三者平衡剛剛好，不是又酸又辣。既然如此美味何需改良。」

當然，口味是很主觀的，任何菜色你可以決定自己想要的濃、淡口味，但是，如果你在法國人的三明治加上番茄醬，恐怕會跟日本人把法國棍子麵包做成軟的一樣走調，但或許也有它的市場，不過，我始終覺得「忠於原味」很重要，要忠於原味才能承襲傳統，承襲傳統並非一成不變，順應潮流與市場，加上精進的技術，傳統技術還是能亙古流傳。

如果料理是文化的一環，那麼好的料理就是一種好文化，不好的料理相信也無法流傳，自然會被淘汰，所以與其想著改良，不如好好忠於原味吧。

我以前在法國藍帶上課，不用懷疑，在任何一間學校都會教授一整套法式料理的基本做法與精髓，但是在泰國，則一定要多跑幾間學校才可以，因為每一間學校都有不同的傳統和特色教學，而老師的專長也都各有所長，而且，他們要教給你的是最正統、最原汁原味的在地泰國味。

2 泰國廚房的「不知不可」

要搞懂泰國料理，想讓手藝精進的香料與香草是一定要先認識的基礎食材，香草與香料得分門別類一次弄清楚。香料的功能，除了增加香氣外也能提升風味和顏色，而香草的用途則有藥用療效、調味、增添香氛等等。

泰國菜經常使用的基礎食材、香草與香料如下：（這非常重要一定要背起來）

三種羅勒葉

羅勒葉（Holy Basil Leaves）：泰語發音為打拋，我們最熟悉的打拋肉，其實就是巴西里炒碎肉。

甜羅勒葉（Sweet Basil Leaves）：台灣俗稱九層塔，做菜如果沒有羅勒葉，就用九層塔替代。

檸檬羅勒葉（Lemon Basil Leaves）：這是帶有檸檬香氣的羅勒葉。

三種薑

高良薑（Galangal）：也稱之為良薑或者南薑，風味強烈。

野薑（Lesser Ginger）：中文又稱甲猜，根莖散發高度香氣，泰式魚類海鮮咖哩經常使用，在馬來西亞，生薑可以和米飯一起吃或者用於醃製品。

薑（Ginger）：一般台灣使用的嫩薑（不是老薑），薑被當作是香草也被當作藥材使用，吃在嘴裡帶有甜味也充滿刺激感。

三種以上的茄子

泰國綠茄子：綠色，乒乓球大小，使用在許多料理中，如綠咖哩雞或者和竹筍一起做成辣的咖哩（kaeng tai pla），也可以搭配醬料生吃。

泰國豆茄：迷你茄子，和小鋼珠的大小差不多，素菜和咖哩常用。

紫色茄子：表皮硬，和綠色茄子一樣，切開之後，馬上泡入鹽水中防止氧化變黑。

三種以上的辣椒

紅辣椒（Red Serrano Chili）：賽拉諾辣椒，原產地是墨西哥，大約只有一吋半大小，味道清爽、辛辣。

綠辣椒（Green Serrano Chili）：賽拉諾辣椒，成熟前是綠色，風味比其他綠辣椒更具辛辣。

黃辣椒（Yellow Serrano Chili）：賽拉諾辣椒，外皮光滑明亮，成熟後，可變成紅色、黃色或者褐色，用途廣泛，從生吃、料理、醃製、作醬料都很適合。

鳥椒（Bird's Eye Chilies）：原產地在墨西哥與南美地區，又小又辣的紅辣椒，最能滿足追求辣度的舌尖，東南亞菜系經常使用。

乾辣椒（Dried Chillies）：乾紅辣椒乾，有兩種，一種是非常辣的朝天椒，另一種是較長的紅辣椒，使用於紅咖哩製作，使用前須先用水泡軟並除去籽。

薑黃（Turmeric）：薑黃是一種小生薑，褐色根莖，新鮮的薑黃剝開之後，內部是如紅蘿蔔般的橘色，重要的使用是讓食材增色。

香蘭葉（Pandanus Leaves）：新鮮斑爛葉放入水中煮，再加入糖，就是一杯很好喝的夏日飲料，泰式甜點經常使用。

檸檬草（Lemon Grass）：台灣又稱為香茅，泰式料理經常使用在湯類和咖哩中，香茅的纖維多，使用的部分為白色段，切開呈現淡紫色，綠色部分沒有香氣，不使用。

泰式鉅香菜（Thai Saw Tooth Coriander）：芹菜家族一員，使用在熱沙拉或者湯品能夠帶來香氣，台灣稱為越南大葉香菜。

香菜根（Coriander Root）：氣味清爽，有檸檬和鼠尾草的混合味道，咖哩與肉類料理經常使用。

香菜（Coriander）：香菜原產地在地中海，是巴西里的家族成員之一，葉子氣味強，根經常使用東南亞料理與裝飾菜餚。

大蒜（Garlic）：與鹽和胡椒並列世界三大調味料，能夠消除腥味。泰國大蒜個頭比較小、辣味也比較輕，使用廣泛，包括：炒、炸還有醃製。

紅乾蔥（Shallots）：（紅蔥頭）甘甜的香氣，從東南亞到歐洲料理都是經常使用的辛香調味蔬菜，泰國的紅乾蔥，個頭小又圓，和台灣常見的大蒜半月形狀或者歐洲使用的大又圓的球狀略不同。

瘋柑（Kaffir Lime）：台灣又稱泰國青檸，柑橘類家族的一員，綠檸檬的表皮凹凸不平，使用表皮的酸和香氣，製作咖哩或者入菜。

瘋柑葉（Kaffir Lime Leaf）：台灣又稱馬蜂橙葉、泰國青檸葉、卡菲爾萊姆葉、喇沙葉，廣泛使用在東南亞料理，包括泰國、寮國、緬甸、柬埔寨。

青胡椒粒（串）（Green Peppercorns Young）：一般用於製作酸或乾咖哩、海鮮炒麵飯或者湯品中，也能做成開胃小菜，有不錯的視覺效果。

棕櫚糖（Palm Suger）：甜又濃郁的糖，取於棕櫚樹。廣泛使用泰式料理當中，並且能平衡辣椒的辣度。

羅望子（Tamarind）：屬於孔雀花的家族植物，有甜與酸兩種，甜的羅望子可以直接當零食吃。酸的羅望子能夠調整料理中，棕櫚糖帶來的甜，這兩種堪稱是平衡調味，泰國料理中的酸味來自檸檬和羅望子。羅望子經常使用咖哩、醬汁製作，新鮮的羅望子葉也能做成湯品。

蝦醬（Thai Shrimp Paste）：選擇等級好的蝦醬帶有濃郁的鮮味，而不是腐敗味，使用於製作咖哩或者炒菜。

香料

八角（Star Anise）：與大茴香香氣類似，有甘草般的辣味和甜味。

香菜籽（Coriander Seeds）：表面淡黃棕色，成熟果實堅硬，帶有溫和的芳香和鼠尾草以及檸檬的混合味道。

茴香籽（Cumin Seeds）：又稱孜然，濃郁的香氣帶些微苦。

白胡椒粒（Withe Peppercons）：製作咖哩和入菜。

黑胡椒粒（Black Pepperrons）：香料之王，隨著產區的不同有各種風味和辣味可挑選。

綠胡椒（Green Pepper）：是未成熟的胡椒粒。

長胡椒（Long Pepper）：形狀長的黑胡椒，帶有甘甜獨特氣味，使用於咖哩和肉類增添鮮甜味。

綠（小）荳蔻籽（Cardamom Seed）：香氣之王，帶有微辣口味，芬芳香氣來自外殼內的籽，種子會隨著熟度而散發不同的香氣，是印度咖哩的樁腳之一，是製作穆斯林咖哩與菜餚必須使用的材料。

薑黃粉（Tumeric Powder）：帶著淡苦味和芳香，是製作黃咖哩不可缺少的材料。

乾月桂葉（Dried Bay Leaves）：帶有清淡的芳香與些微的苦味，會讓食物具有濃郁的香味。

丁香（Clove）：甘甜與濃重的強烈刺激性，使用於牛肉料理和咖哩，和胡椒一樣是重要的材料並且能製作甜點。

芝麻（Sesame Seed：黑、白）：經常使用於泰式甜點與沙嗲燒烤和醬料。

烘烤磨碎糯米粉（Ground Roasted Sticky Rice）：使用於沙拉，增加硬脆口感。

綠豆仁（Mung Bean）：泰式甜點大量使用綠豆仁做為基礎材料。

肉桂棒（Cinnamon）：肉桂的香氣比桂皮（Cassia）略淡，具甘甜與澀味，香氣獨特濃郁。

荳蔻皮（Mace）：蕾絲狀假種皮，荳蔻外皮曬乾成為香料。

肉豆蔻（Nutmeg）：荳蔻核仁，有甜味、柔和香氣和酸苦味。

一般香料可分為天然香料（Essentialor Spices），合成香料（Synthetic），人工合成香料（Imitation）。

調味香料（Spices）：將植物的根、種子、皮或果實，抹成粉末狀，因此，可以讓香料味濃馥刺激，經常使用的有肉桂粉、荳蔻粉、丁香粉和薑粉。

學泰國菜要學的幾個泰文與方法

首先，要弄懂幾個重要的廚藝製作手法（英、泰文）

炒（Stir-Frying）[pad]：炒麵（pad thai）炒飯

燕（Stewing）[toon]：Stewing，蒸魚肉、燒賣

煮（Steaming）[neung]：In steaming，煮咖哩、煮湯

3
泰國菜的精華版

做泰國菜既沒有法國料理的繁複工序和技巧，也沒有擺盤和固定食材的嚴格要求，算是能簡單入手的料理。

你只要弄懂香料和香草，就能隨季節、食材替換自由運用，例如綠咖哩雞就可以隨你喜歡變成牛、羊、雞或魚，但是還是有例外，如是需要運用魚的黏性和質地做出來的菜，就不要任意更改。

先來看看整套的標準泰國菜分類如下：

咖哩類（kaeng）
生菜沙拉類（nam phrik，沾醬）
炒菜（phad）
蒸物（nueng）
油炸（thawf）

燒烤（yaang）

湯類（kaeng jeud）

另外，泰國美食精華就在街頭，街頭小吃才是泰國飲食文化真正精華，它保留了食物的原味，能直接觸動人的味覺，它隨時間環境演變的風味、質地和溫度最能讓人感動，在街頭就能輕易品嚐到美味泰國菜中的甜、鹹、酸、苦、脆。

還有，泰國人吃飯使用刀、叉，而不是筷子，這是在拉馬六世在英國公立學校就讀所帶回來的規矩。

泰國料理是個民族大融爐，主要的有中國的炒類、印度的穆斯林黃咖哩、孟族（寮國）的半、生熟食物，椰子和叢林香料。融合風味、地方特色，基本是中華料理和寮國與高棉料理的結合，例如來自中國雲南高山族的鹹、福建潮州的甜、印度咖哩的嗆辣，越南、印尼的酸，以及泰國本身的甜等南洋飲食口味，都加以融合而成為獨家特色。

一定要知道的泰國菜知識

1. 泰國餐桌的四大天王，糖（更甜）、魚露（更鹹）、醋（更酸）、辣椒（更辣）。

2.泰國人吃飯是空盤原則，盤子內除了白飯之外，合菜則是吃多少拿多少，要顧慮到在場的每個人都能平均分配。

3.泰北蘭納和湄公河地區，吃東西喜歡沾著醬吃，只要是醬汁稍多一點，這些糯米民族會將糯米當成海綿，捲成小球狀，一口一口沾著湯汁一起用。

4.泰國人吃粥Khao tom jiin（中國人的熱粥），不像中國人一樣配醃菜吃，所以宮中的仕女便將手邊的剩菜都放入一鍋什錦粥，吃的時候，為了降溫都會加入冰塊。

5.必學一句泰語AROI（好吃）

6.咖哩雞肉麵（Khao Soy）一定要品嚐

這道菜的重點在使用金黃色的雞蛋麵，搭配不濃郁的黃咖哩湯頭，咖哩的層次明顯的在口中散開，增添風味，這是泰國清邁的代表作，有人說沒吃過咖哩雞肉麵就如同沒有到過清邁。我在曼谷吃的咖哩雞肉麵，還會加上炸過的雞蛋麵，灑在最上頭更增加酥脆口感，豪華版的還可能會加入一整隻燉煮過的棒棒腿。

7.涼拌青木瓜絲必吃必學

聞名遐邇的泰國沙拉，其實有兩種，一種是甜的，另一種是鹹的。除了涼拌青木瓜絲之外，還有涼拌青芒果絲。從中部曼谷到了東北部，口味也從甜的變成鹹的。甜的涼拌青木瓜絲會加入棕櫚糖、花生粒和蝦米；鹹的則加入發酵過的河蟹和味道非常鹹濕（臭）的魚醬（nam plaa），如果喜歡這道菜的人吃過鹹的涼拌青木瓜絲（Som Tam Lao）大多會漸漸愛上，取代甜的涼拌青木瓜絲。

我還記得自己第一次到泰國東北部同學家作客，家家戶戶都種了木瓜樹，我就瞭解為何這道菜是泰國菜的代表菜了。從樹上摘下來的青木瓜，口感非常細嫩，食材新鮮，濃郁豐富的香料成就了它的獨特口感。

8.酸辣蝦湯（Tom Yum Kung）是第一名湯

俄國的羅宋湯、法國的洋蔥湯，再加上泰國的酸辣蝦湯就是世界三大名湯，據說最早的酸辣蝦湯，在香料的部分只有檸檬葉和香茅，後來又加入南薑，聽說是做給觀光客吃，但卻大受歡迎，慢慢的酸辣蝦湯就都會加入南薑。

酸辣蝦湯後來也發展成兩種，一種是傳統的清湯，一種是加入椰漿的湯頭。這和另一道菜——椰汁雞湯可算是姊妹作，最大的差別除了把蝦子換成雞肉片之外，在湯頭方面也以椰奶取代雞湯，而泰菜愛酸辣是深受寮國菜影響。

9.不油不膩紅咖哩鴨

這道傳統名菜，卻是我們台灣人覺得陌生的菜色，食材是紅咖哩、椰漿和烤鴨。我不想歡吃鴨肉，也知道鴨皮很油膩，但是這道菜卻不油不膩，加入番茄和鳳梨美味至極，我本身不愛吃鴨肉但卻獨愛這款紅咖哩鴨。

10.爽口的檳城咖哩雞

我對於傳統泰國老菜十分著迷，這道便是耐人尋味的老味菜餚，做這道菜只要三種材料，雞肉、咖哩和檸檬葉，使用的食材簡單又很好料理，檳城咖哩雞的重點在於醬料的濃稠合宜，爽口好吃。

4

泰式廚藝的金皇冠：果雕

只要你給泰國菜師傅一把刀，通常他就能夠賦予蔬菜瓜果意想不到的驚奇風貌，這便是泰國菜最細膩和視覺美學最完美的呈現。

對於我而言，學習美食就是一連串的歷險與驚奇，而果雕就是我遇到的一個困難的奇異旅程，它反覆考驗著我的耐心、細心、專心、手力與眼力。一開始學習果雕就讓我挫折連連，因為泰國菜喜歡使用的果雕材料如辣椒、小黃瓜、瓠瓜、青蔥等等，其中有些很脆嫩、多汁、有些還容易枯萎，這些先天的條件要一一克服就很困難，再加上還要每天每天不斷練習，費時、費工外還要費眼力，學習上有好多的限制，而更難的是果雕根本沒有什麼書可以參考，完全得靠老師的親自口授教導才行，根本無法自修而成。

而我當下學習果雕很困難的原因，可能是因為語言不通，所以我學習果雕像是瞎子摸象，很難進步，不過後來，我慢慢知道我需要理解的是果雕的脈絡和手法，於是，我請老師將雕刻線條先畫在紙上，當我理解雕法的重點順序之後，學習就變得簡單一點。我每天早上都會帶著昨晚在房間的練習品請老師指導。

所謂勤能補拙，老師終於在我苦練了兩個月之後跟我說：「嗨，你真的進步很多！再多加點油！我相信你一定可以雕得更好。」這句話讓我開心了好久。

泰國料理的美感擺盤

但是為何學泰國菜不能不學習果雕？這可能也是一些人

Wandee學校，參加活動時候招牌果雕絕對不可少。

Wandee學校的基礎果雕課，從青蔥 、辣椒、紅蘿蔔、小黃瓜、葫蘆到白蘿蔔、西瓜、南瓜、哈密瓜。

的疑問，但答案就只因為這就是泰國菜傳統與獨特之處，擺盤就是不能沒有它，它看似不重要，但其實是表現廚師功力最好的地方。

因為泰國處於熱帶雨林之地，盛產水果，故能成就果雕王國的盛名。在泰國，精緻的水果雕刻隨街隨處可見，這些漂亮的果雕又以小黃瓜、辣椒、白蘿蔔、紅蘿蔔、番茄、芭蕉、嫩薑、哈密瓜等居多，而廚師就會像變魔術一樣能把蔬果雕成讓人賞心悅目，栩栩如生的花朵、葉子、動物等，在菜餚中增添無限光采。

據說這門傳統的雕刻藝術來自於泰國某個王朝，於一次盛大的國宴上，一位皇后特別展現了一個水果雕刻精品，在場大家看了都讚譽有加，於是後來流傳下來，並於民間流行起來。但也有一說是因為泰國宮廷內的侍女太多了，無事可做，所以便雕刻手邊剩菜打發時間，把這些看起來不起眼的食材變成花朵葉子等形狀，後來流傳便用來裝飾宮廷菜菜餚。

視覺饗宴的焦點

泰式果雕之美在於它的細緻與美感無人可敵，只要把手邊有的辣椒、青蔥、小黃瓜、蘿蔔等隨意的雕刻一下，就能將泰式菜餚從路邊攤的等級提升到五星級水準。

基本上，它又可以分成表皮雕刻和立體雕刻兩種，前者是一些如瓜類表皮，和裡面顏色不一樣，只要在表皮刻花，顏色的對比就能顯現出細膩圖案，很有意境；而立體雕刻就是用整個水果或蔬菜去雕刻成花朵、葉子或動物或其他立體形狀的東西，用來擺盤裝飾，例如紅蘿蔔因為顏色鮮豔，硬度又夠，也很容易久放，是一個立體雕花最好的食材。

如果你是要在泰式廚房工作，只要在開工的時候，把要擺盤作裝飾的蔬果製作完成，相信一定能立即贏得主廚的喜愛和肯定。

我記得以前沒學泰國菜之前，泰國餐桌上的新鮮花朵，常讓我多瞄一眼，這是我對泰國果雕的印象。

直到有一次，我擔任藍帶學校義工，在巴黎的艾菲爾鐵塔內的餐廳，參加美食展活動，當天有一個單位，準備現場雕刻水果，一件件美麗的作品，出自一位泰國廚師，這是我第一次認真又專心的觀看果雕藝術。

本來我想，雕刻需要長時間練習，對我而言，只要學會欣賞就好沒必要去學，幸運的是，我的一位泰國同學東，家裡在素可泰（Sukothai），當他帶我去參加水燈節（Festivals, Loi Kratong），我才有機會瞭解果雕的真正歷史。

據說當時節慶時，國王身邊的宮女有一雙巧手便將水果雕刻成漂亮的花朵，放在葉子摺好的船上當成水燈放入水中漂流。而泰國的國王拉瑪二世（一八〇八～

一八二四）在位時也曾經寫了一篇關於泰國甜點、水果和蔬菜雕刻之美的文獻。那時在泰國水果和蔬菜雕刻的藝術已經凋零，關心果雕藝術的人也越來越少，國王很擔心果雕藝術會從此消失，於是便成立了一個課程，專門培養人才，並將技術公開傳授給大家。

聽到了這個故事，於是我決定去學泰國果雕，而且立志要學好，因為那是泰國廚藝不能或缺的元素之一。

5 廚藝課的制式精選菜單

剛開始學習泰國菜，我總是弄不清楚，到底泰國菜有哪一些菜色？不過隨著上課練習，漸入佳境。下面是我的一些心得。

一般來說泰國菜的重點就是：涼拌、熱炒、咖哩、油炸、蒸煮、醃製和湯品。泰國菜的風味不外就是酸和辣，又酸又辣和很酸很辣。還有許多人會說泰國菜很像中式料理，不是炒就是炸，要不就炸完、再炒，或者蒸熟、再炸，事實上也差不多。

在曼谷上泰國料理課程，我把心態歸零，首先得提醒自己，不能將法式料理的做法投入其中，不能先入為主，更不能以專業人士自居，抱著比較的心態，會降低學習效果。

因為我的專長不是中餐，而泰國菜有中菜影子，所以我學得不亦樂乎。在法國上課，你會覺得，每間學校都是教授類似的基本功，所以只要好好在一間學校上課就好，但是在泰國，就一定要多跑不同的學校，收集每一間學校和老師的專長才能學得廣與深。

泰國廚藝學校的基本菜單，看起來大同小異，只有親自去上課才能感受老師同中求異，對菜色的獨到見解，基本上，不管廚藝學校強調自己是餐廳特色、皇室料理或者主廚二十年心血菜單，但是也都脫離不了一些受歡迎的泰國菜色，上課方式和時間也都差不多。

基本上熱門菜色：都會分散在週一～週五的上午和下午課程中，到了周六，則是重複本週其中一天的菜色。

如果選的是一對一教學可以針對你情有獨鍾的菜單，專門教授。也可以選擇你想學的技巧：如果雕、串花環等做專業學習。

至於教授廚藝的方法也大約有兩種型式，一種是傳統學生的教法：會先由助手按照菜單，分量材料全部備齊，連調味品的分量也抓好，學生按照老師一個口令一個動作，一次下廚，每一個人都能在老師與助手的協助下，端出風味一致的絕佳美味的菜色。

另外一種則是學徒式的教法，這種就是先由老師示範，像學徒式的傳授製作技巧，並在專業的技巧上做建議，甚至會教一些自己的獨門傳家菜色等，強調的是口味的原汁原味。在學習過程中，一邊還要學習菜色的背景等等，許多想學成回國開

網路上的課程介紹內容摘要

基本上網路的廚藝學校都會有介紹，下面為其中一所學校的網頁，翻譯如下：

歡迎來學習如何料理出美味和健康的泰國菜，做出讓親朋好友驚訝的泰國料理，為自己的料理手藝而感到驚訝。
當你在泰國和合格的教師學習泰國料理，這是一個最好的選擇。

體驗泰國文化的豐富性　學習美味的泰式料理
我們歡迎大家學習傳統泰國菜，讓我們技術好、友善的老師，在歡樂的氣氛中傳授你泰式料理的祕密。
食材：我們使用當日新鮮食材
逛市場：逛菜市場是課程之一，我們會介紹熱帶的水果和蔬菜，那邊有太多豐富的東西可以參觀。
課程包括：介紹傳統的食材，醬料製作、市場水果果雕、上課的食譜，午餐是自己親手做的菜。
早上課程時間：9：30am~1：30pm
下午課程時間：2：30pm~6：30pm
價格：每堂課1000泰銖
包括：簡單的跟著食譜操作，所有做菜的食材和飲料。

設餐廳的人，大多會選擇這種課程。

公版菜單提供參考

光是看到下面這些菜單就會流口水，學校的網站報名機制其實很方便，只要完成報名手續，等到對方的回函確定開課，就可以輕鬆去享受一節快樂的泰國廚藝課。

1. 綠咖哩醬製作／綠咖哩雞／雞肉炒腰果／南瓜布丁
2. 紅咖哩醬製作／咖哩鮮蝦／椰汁咖哩雞／

重口味、酸辣菜色搭配綠色香草、蔬菜，百吃不膩的就是地方料理。

炸魚餅／芒果糯米

3. 檳城咖哩製作／檳城雞肉咖哩／青木瓜沙拉／糖煮香蕉

4. 黃咖哩製作／雞肉黃咖哩／辣味檸檬草鮮蝦沙拉／雞肉醬油炒麵／椰奶南瓜盅

5. 瑪沙門咖哩製作／瑪沙門雞肉咖哩／雞肉炒飯／辣味鮮蝦湯／黃金香蕉佐椰奶

6. 紅咖哩製作／鮮蝦紅咖哩／辣炒雞肉片／辣味泰式歐姆蛋佐香草沙拉／椰奶彩虹冰

7. 紅咖哩製作／雞肉紅咖哩／酸子炒鮮蝦／北方辣味雞肉沙拉／芒果糯米飯

泰國菜系入門ABC

接下來，學泰國菜也一定要先認識泰國菜系，這是學泰國料理的入門課。泰國菜照著自然環境與民族融合所造就出的飲食特色，不只滿足了味蕾，也填滿了喜愛者的心靈，其中常見添加的香料與植物還具有療癒效果。在學習泰國菜的同時，如果還能深入瞭解食材特性與各地方菜系的沿革與差異，將有助於泰國菜的學習更加精進。

泰國菜基本上分為下面的四大菜系：可以先把這四區的菜色與特色先記下來，以後學到這些菜就容易抓到重點。

東北菜系：

東北部伊森（Isaan）的飲食文化受緬甸菜色影響，又和寮國很類似，是糯米飯民族，會吃昆蟲。

名菜有：酸辣蝦湯、涼拌青木瓜絲、泰式烤肉搭配糯米飯（這是泰國東北菜的傳統吃法）。咖哩雞肉麵、酸肉。

南部菜系：

由於泰國南部兩邊皆靠海，所以深受馬來西亞、印度菜色的影響，喜愛取用馬來西亞食材，而調味料味道較濃厚且帶酸。

名菜有：泰式黃咖哩、魚咖哩、馬沙門咖哩。

中部菜系：

中部菜則是以首都曼谷為中心，因為此區的蔬果生產茂盛，是豐饒的魚米之鄉，食材新鮮，但喜愛的調味料則普遍偏甜。

泰式料理分成三種

1 宮廷學院派

以精緻的料理和匠心獨具的藝術裝飾為主，泰國烹調藝術的主流，在宮廷內的一脈相傳以傳統的技術和手法維持宮廷料理的傳承，另一部分則是廚藝學校，許多由宮廷退休之後到廚藝學校任教，也讓宮廷料理的廚藝傳承到民間的廚藝學院派。

2 地方區域性料理

泰國面積廣大，來自北部和南部就有飲食習慣上的差異性，泰北人吃不慣泰南的辛辣，於是便按照自己的口味區域特色料理，在無形中便表露無遺。

3 街頭小吃

價廉物美是街頭小吃攤的共同特色，到處都有流動攤販，吸引泰國各階層的人前往享用。

名菜有：泰式紅咖哩、椰汁雞湯、皇家甜點。

北部菜系：

北部山區菜系深受東北部菜系及深受寮國和柬埔寨文化的影響。

名菜有：咖哩麵、酸肉。

6 夢幻咖哩配方

「泰國有三大咖哩：紅咖哩、綠咖哩、黃咖哩。」這是我的廚藝學院主廚第一天上課，開門見山時說的話。

到底咖哩在泰國菜中扮演什麼重要角色？泰國咖哩和印度咖哩又有什麼不同？在我印象中，最有名的就屬綠咖哩雞、黃咖哩螃蟹等。

咖哩是印度菜的老祖宗，生活中對咖哩的認識則是日本咖哩塊和印度咖哩粉，到印度餐廳吃蔬菜咖哩或者日本料理店點咖哩豬排，所以，學泰國菜要從搗咖哩開始學起，對我來說還滿新鮮刺激的。

我們的教室內有許多石臼和石杵，石臼是用來專門搗碎香料、咖哩等。還有木製搗器和陶器則是用來搗碎其他食材，看起來有點像是食物攪拌機或者食物調理機，但是差別在於不是電動。

這些都是承襲泰國的傳統手工製作，至於怎麼使用搗器，差別在於底部的形狀，石臼的底部是深又寬大，可以讓香料有翻覆的空間，將所有形狀的食材搗成泥狀，需要重力加速度擊碎；而木製和陶製的臼，底部又深又窄，大多使用搗碎調味料或者讓涼拌菜入味，搗的方法和需求不同，如果要將完整的材料，如香茅、南薑、大蒜搗碎，需要花很多時間，食材逐一分開，按照順序搗成泥。使用石臼需要用盡力氣，直到兩臂痠痛，有時還是可以隱約在一片咖哩糊中發現沒搗勻的片狀咖哩，如果你的咖哩搗得不夠細緻，泰國人會笑你，「你的咖哩中有艘船」，可見搗咖哩的確是門學問。

咖哩初體驗

雖然我沒有選擇到最有名的藍象進修，但是我還是有兩個週末在藍象廚藝學校上課。上課的第一件事，還是從介紹咖哩開始，操著流利英文的主廚說：家裡沒有石臼的同學請舉手，現場的同學大多都來自歐美，有超過一半的人舉手。

主廚問：「那你們要怎麼做咖哩？」

同學紛紛答說：「用食物調理機、研磨機、果汁機呀！」

主廚忽然點到我問說：「那妳要怎麼做呢？」

我有點意外，腦袋想都沒想，直接答：「我可以去買一個石臼。」

接著他說：「對！食物調理機是在切割食物，而不是搗碎，釋出的水分、粗細度和提出香料的氣味是不一樣的，辛苦搗出來的咖哩絕對會不一樣。」

有關咖哩的基本常識

做咖哩通常有幾樣基本材料，像乾辣椒、香料和香草類，如果你將所有材料全部倒入，那是自討苦吃，不過，一般在廚藝教室，每人只需製作約五～十公克左右的咖哩，所以會讓你全部加入搗碎。

正常做法是，乾辣椒要浸泡在水中，將籽去除之後，先放入搗成泥再加入香料類，香草類放在最後，避免提早出水。每一個步驟，材料都要搗成細泥，確定沒有塊狀，才能加入下一個材料。

如果要搗碎辣椒，常常會被自己擊中的辣椒反撲，汁液飛濺，不一會兒手和臉上全都辣成一團，所以以前聽說西餐廚房有人切洋蔥要戴蛙鏡，我想搗咖哩也有戴面具的必要，因為被辣椒攻擊不僅會痛還有灼燒感。

搗咖哩的過程可以仔細觀察每一個階段產生的風味，省略先後順序就享受不到過程的優美香氣。大約二十分鐘之後，手上的咖哩全部變成細緻的咖哩泥，才能展開接下來的步驟。

我在學校上課時，就曾聽說隔壁班從不下廚的觀光客上課時也要學搗咖哩，但是他們卻常常是靠助教幫忙或者玩一下石臼之後，就將其倒入食物攪拌機來完成。

咖哩如果像大海，世界上每一區的每一大片海洋，都有自己的特殊性、個性，隨著潮汐、氣候千變萬化，不管是來自太平洋或者印度洋，只有透過五感才能還原真實面貌，帶給吃的人完美的享受。

認識三大咖哩後，還有瑪莎門咖哩、檳城咖哩、酸咖哩還有叢林咖哩。有些咖哩風格強烈是屬於乾性的咖哩。有些咖哩加入椰奶讓菜色的口感溫和，味道醇厚又入味，所以，如何拿捏和運用，製作出好咖哩，絕對要靠經驗累積。

食材也要視情況增加或減少，有時，咖哩也需要加入鹽巴來幫助搗碎，或者要加入蝦醬增添風味，印度式的咖哩有些要將香料事先乾炒。有些咖哩還要三天前製作，才能得到最美好的風味。每一種咖哩都有其背景和出處，越來越多的東西，我像被所有的香料囫圇，把腦袋的記憶，全部都絞成一團，像咖哩糊一樣。

「能做出好風味的咖哩，只有透過不斷的試驗才能做到。」主廚說。

「咖哩要保存可以用油炒、加鹽，製作咖哩材料。」

「只有靠經驗才能做出好咖哩。」

要做出人人喜愛的咖哩，每個人都有自己的祕密配方。可能是日有所思，夜有所夢，我經常夢見在做咖哩，夢想著也有一份屬於自己的祕密咖哩配方。

7 泰國皇家甜點必修課

我住在蘇崑蔚三十一巷子底（Sukhumvit soi 31），從巷口走進來至少要花十五分鐘，路程遙遠，在巷子的兩頭都有摩托車休息站，十五元就可以為你省下大把時間，特別是頂著大太陽，會覺得花這車錢理所當然。

但是我卻選擇走路，我希望藉由每天四趟的路程，減去身上多餘的贅肉又可以在巷弄探險。巷子底端是一條三叉路，一邊往蘇崑蔚二十三巷學校的方向，一邊可以到三十六巷，我特別喜歡逛三十六巷，沿路除了有花園洋房之外，還有藝術博物館。

第一天到達旅館，我一丟下行李，馬上外出，發現路邊有一間簡陋卻乾淨的家庭式小店，賣著已經包好的烤肉和糯米飯，還有一整盤香蕉葉包裹的泰式甜點。其中最吸引我的是每一個三角型的粽子都頂著一頂帽子似的排列整齊，蒸過的芭蕉葉產生自然的黃綠色，看得出來剛剛蒸好，這時，我面前有個騎腳踏車的少年，停下身來，和老闆娘閒話家常很熱絡的樣子，聊了一下便兩手提著兩大包甜點離開。

這家店一定好吃，直覺告訴我，二話不說，我指著桌上每一種糕點，比出食指，是說每一種都要一個，老闆娘面帶微笑，幫我打包。

等我拆開芭蕉葉，糯米包著椰子、香蕉、綠豆內餡，讓舌尖盡情探索，我真的一口氣嚐遍各種滋味。當時我並不知道這就是鼎鼎大名的皇家級甜點，因為在我心目中的泰式甜點、泰式奶茶和像新加坡、馬來西亞吃的南洋甜湯，頂多是芒果糯米飯和香蕉煎餅而已啊！

而也因為這個甜蜜的初體驗，讓我在泰國曼谷學習的最後幾週，又決定去上皇家甜點課。

皇家甜點展露光芒

拜我俄羅斯的同學之賜，我找到一間叫做UFM的學校，這也讓我意外的學習到純正泰國皇家甜點的製作。

對我來說，甜點是這世上最實用的料理了，不管開心或難過或者有大、小事情要慶祝時都會需要，它更是人與人之間最好的媒介。我認為這世上最漂亮的甜點就是法式甜點，高雅的姿態豔冠群芳，所以當我第一次知道泰國也有一種甜點，既金碧輝煌又小巧可愛，還帶些西式時尚感後，特別感到好奇。

在泰國求學這段時間，我有很多機會在菜市場或者超市美食廣場閒逛，經常看到許多五顏六色的可愛甜點，有些還非常奇特。

例如，有一種泰國甜點藏在一個個的竹筒內，沒有剖開前，你是看不出來裡面竟是甜糯米，有些則看起來很像港式或中式的糕點，卻不知道口味如何，有一次，我買了如酒釀的甜點，發酵米布丁，不巧都不好吃。

有一種看起來死甜的龍鬚糖，是彩色龍鬚糖絲用潤餅皮包成蛋捲狀。另外，還有一種染了很多色素的粉條我都不太敢吃，因為顏色實在太鮮豔。

沒想到，最後我竟然跑去學泰式甜點。這一學不得了，原來我之前錯過了不少人間美味，泰國甜點其實是非常好吃的，變化也十分豐富，讓人驚豔不已。

我後來才知道，原來龍鬚糖的入口即化和潤餅捲著吃都是絕配，竹筒內的烤甜糯米，沒有蒸出來的水氣口感更彈牙，而那些五顏六色的粉條，滑口與椰奶一起吃超級享受，原來，那一條條像木瓜絲的甜點是蛋黃淋在糖漿中煮出來的技術性高的甜點（Shredded Egg Yolk Tart），必須經過長時間練習，否則一下就會把蛋黃煮熟斷裂，這些看起來不起眼的甜點對我來說更充滿了挑戰性。

金黃色細緻的甜點就是泰國皇家甜點的基本要求，很像台灣京兆尹的宮廷御膳廚房做出來的糕點。皇宮人很多，就很容易花很多時間去完成一件小事，最好的例子就是餐點。

南瓜卡士達（Pumpkin and Custard）：這道南瓜內蒸著卡士達醬的甜點，比美國萬盛節吃的南瓜派還要難做；棕櫚糖蒸糕（Palm Sugar Pudding）：看起來就很好吃的美味蒸糕。

至於大家都很愛的泰式薄餅（Khamon Buang Thai），則是煎熟之後，內餡夾入蛋白霜和砂糖或蛋黃。

這道甜點可以追溯到十七世紀，葡萄牙與日本混血的希臘部長（Constantine Phaulkon）的妻子瑪莉（Marie），她原本只是暹羅皇家的法院廚師，並且介紹了使用蛋來製作許多甜點，由於她的努力也得到皇家御廚的頭銜。

UFM教授傳統泰式甜點，蝶豆花餃、蔬果小點、香蘭蒸糕、椰子蒸糕、香蕉粽和泰式薄餅。

PART 4

我的
泰國廚藝
老師們

對於我的泰國廚藝老師們，剛開始時我是滿腹怨言，是哪幾位老師讓我生氣不是重點，但調適心態後，我認為從每位老師身上都一定可以學到東西。

剛到曼谷，我的第一位老師是不良教師，我難免洩氣，心中強烈反彈，我認為自己花了這麼多的錢和時間來泰國拜師學藝，想要求老師好好認真教課一切合情合理，雖然我並不是泰國料理的專業廚師，但是畢竟曾在法國藍帶廚藝學校學習過，絕不算新手，老師有無偷懶或留一手不願教，我當然是看得出來，但是隨著遇到的泰國老師越來越多，我發現只要你願意好好學習，還是能學到東西。

下面分享一下我的經驗：

一、有些老師不是不認真，而是希望你私底下再跟他學，這種私心很容易被察覺，可以裝傻或不予理會。

二、別太相信網站上洋洋灑灑的名師陣容，有些學校可能只有一、兩個老師在撐場，網路上的名師陣容很多是騙人的。

三、師徒制的教法，並不適合新手的學習喔，有些老師自我感覺太過良好，不知道到底是在跩什麼，情緒不好的老師也很容易對學生冷嘲熱諷，所以要有心理準備。

四、有時候對泰國老師不要太直白，有問題可以提問，但是要讓老師覺得態度好尊重他，否則，惹惱老師吃虧的絕對是自己。

五、泰國許多好料理是傳家不傳外，技巧與口味也算個人傳承家族的智慧財產，所以要真的學好泰國菜，跟一家廚藝學校或者一位老師是一定不夠的，最好能多認識一些老師，多去幾家廚藝學校學習。

Courses 3 & 11
STIR-FRIED CHICKEN WITH BASIL (GAI PAD KRA PAO)
INGREDIENTS:
Chicken, sliced
Garlic, chopped
Coriander root, chopped
White onion, sliced thinly
Bird's eye chilies, sliced
Basil leaves
Long beans, sliced into 1" lengths
Baby corn, sliced
Vegetable oil
Chicken stock
Seasoning:
Soy sauce
Oyster sauce
Fish sauce
Sugar
Serve with rice.
Serves: 2 people
Note: With all Thai meals, always taste before serving. Adjust flavor to your preference.
Bangkok Thai Cooking Academy
Course 5
DEEP FRIED SPRING ROLLS (POR PIE TORD)
INGREDIENTS:
Glass noodles
Vegetable oil (for deep frying)
Garlic
Bean sprouts, cooked
Chicken, minced
Cabbage, shredded
Carrots, shredded
Spring roll wrappers
SEASONING SAUCE FOR INGREDIENTS—
Oyster sauce
Soy sauce
Fish sauce
Sugar
White pepper powder
As glue for the wrappers (mixed together in warm water):
Wheat flour
Water
Sauce preparation:
Sweet chili sauce
Minced chili pepper
Vinegar
Roasted peanut (crushed)
Minced garlic
Fish sauce
Hot water
PREPARATION
1. In wok, add vegetable oil and garlic. Fry until fragrant.
2. Add chicken and fry until cooked.
7. Deep fry in wok until golden brown.
8. Serve with sweet & sour sauce
Bangkok Thai Cooking Academy
Adjust flavor to your preference.

1

不良教師——亞歷山大

「什麼都不懂的人，膽敢跑來曼谷學泰國菜！」這句話是很多泰國老師初見我想對我說的話，不過雖然我什麼都不懂，但是我充滿熱情，我有自信可以學好。

這是第一次前往泰國不是為了旅行而是為了學廚藝，我本來還擔心自己會學不來！直至在曼谷遇見我的第一位泰國老師亞歷山大，七上八下緊張的心終於放鬆。

亞歷山大是我泰國廚藝學院的老師，第一眼印象其實不錯，是一位外表帥氣的典型泰國男人長相，黝黑的皮膚、扁鼻子、厚嘴唇、大眼睛，他很在意外表造型，所以頭髮永遠都是站起來的。不過，他的行為舉止和脾氣卻比較像童子軍，嚴格說有些孩子氣與情緒化。

他的課程教學方法跟我之前接觸過的廚藝教學很不一樣（我覺得有些不專業），沒有廚藝學校該有的規格和配備，如：制服、刀具等，最特別的是他也沒有食譜，只能用耳朵聽他講，用眼睛看他做，最後用嘴巴嚐，我和大雄都是第一次上泰國菜課程，我們本來以為泰國人都是這樣上課的。

我們的專業課程共四週，每週一到五天，一天學四道菜，總共要學八十道菜，菜色足夠開一間小餐館。眼看著學盡所有泰國菜的夢想終於實現了，怎能不興奮。

「好吃的泰國菜是圓的風味，圓的風味就是酸、鹹、甜，三者平衡。」亞歷山大很愛這樣說，到底什麼是圓的風味老實說也很抽象，我雖點頭但並不真懂。

「我來自泰國皇家，我的奶奶是國王的御廚……」

所以這意思是說他傳承的是來自皇家的廚藝。這位亞力山大老師上課前，都會有十分鐘的自我開場白，大多是每日更換自我介紹的版本，從奶奶是皇家御廚，有時也會變成自己真的具有皇室血統，題材千篇一律，故事卻越描述越誇張。此外，上課前也還會把自己老闆（學校負責人雷恩）先大肆批評一番才甘心。

「雷恩是個不懂廚藝的商人，學校設備不足、裝潢差……」「身為廚師的我，是不該遭受這種對待……」班上僅有的兩位學生大雄和

我，一眼就看得出來他的愛抱怨，但是既來之，則安之，我們等著從頭開始好好學習泰國菜呢！

就當我們以為終於要開始上課了，這時他又自吹自擂了起來，說他是畢業於英國劍橋大學如何又如何。

天啊！我真希望能趕快結束這些話題開始上課，但是亞歷山大越說越興奮：「我是唯一在英國三星餐廳的西餐主廚，我要領導三十位廚子一起工作。」一見過太多大廚的我們，得耐心等著他鬼扯結束，才能上課。

我當下不得不承認自己做了一個非常糟糕的選擇，這也是一件沒有人想承認的事情，學校網站明明貼有許多優秀背景的教師呀，只能說我運氣有點差。

原本我和大雄都覺得自己好幸運，可以放棄一切到泰國曼谷來學習廚藝，但是對於老師的素質卻沒有把握，與其說我們都相信他說的一切都是真的，不如說，和學泰國菜無關的事情其實我們也不會太介意，就當作是看戲吧！

手忙腳亂的廚房課

上亞歷山大的課，我真的很忙碌，因為我必須以速記的速度抄寫下材料、分量和作法，面對老師快得要死的速度，他解釋每一道菜的故事、作法和歷史也都在趕進度，然而新生如我因為不敢要老師講慢一點，只好自己跟著加速。

我有次問他：「Cardamon（小荳蔻）是什麼呀？如何用在泰國菜？」我想聽聽他使用小荳蔻的方法和原則，沒想到老師的回答卻是令我感覺我是自取其辱。

「什麼！你身為一個專業的廚師，竟然不知道這個香料，別告訴我你從沒有使用過，你身為廚師竟然不知道小荳蔻，我真為你感到丟臉。」

我並不清楚亞歷山大老師是不想回答或者他想堵我的嘴！

所以我才說師徒制的教法，並不適合新手學習，但是礙於我們三個人都有專業背景的面子問題，亞歷山大對於學生犯錯都盡其可能嘲笑，所以，我只好盡量用腦袋強記、拍照，下課回旅館再好好整理，絕對不與他正面衝突。

本來我們班上有新來一個學生是廚房生手，但是這種魔鬼教學法他根本無法吸收消化，因此完全趕不上課業只能轉班了，比較起法國藍帶學校的教學方法（一視同仁，一切從頭，專業教授），現在這種教學法，顯示地只是老師厲害，學生都是笨蛋。

每天四道亞歷山大的示範菜，都是我和大雄的午餐。「綠咖哩雞、打拋肉、涼拌海鮮、炒河粉」，亞歷山大沒有用雞粉（除了雞湯是用雞粉）或味精，就能把菜做得如此入味，每一道菜都比餐廳的風味好上不知多少倍。對照自己在餐館或路邊攤吃的，亞歷山大老師的手藝無可挑剔，就是我心目中最好吃的泰國菜。

我正是為了要學他這一手好手藝，所以絕對不能轉班，對於他愛臭蓋的說法和行為我都可以接受，我更不斷的自我催眠他是一個好人、好老師、對學生冷言冷語完全沒有惡意，要這樣說服自己來支持要上完未來三週的課程。

亞力山大會將第二天的課程用泰文寫在黑板上，每天下課前，他會說：「如果明天沒有看見我的刀具出現，就表示我不教了。」這樣的話語讓我感到困惑和緊張，一個好老師怎麼可以說他明天有可能就不來上課，而且他早早就幫我們洗腦說學校其他的老師手藝超差而且英文又爛，只有他能符合國際標準和我們的標準。

我和大雄一起走回旅館的路上，很多時候都在猜測亞歷山大明天到底會不會來上課。

我熟知的泰國名菜，在兩週之後就全部上完了，綠咖哩雞、酸辣蝦湯、涼拌木瓜絲、打拋肉、沙嗲……。可是另外還有許多傳統的泰國傳統名菜，卻並未安排在課程中，原來是因為老師要保留到他家補習時才會教授（這是之後才知道的）。

後來我才知道，因為食材預算方面是由亞力山大負責採購，所以，製作荔枝鮮蝦沙拉時沒有放蝦，製作泰式炸五花肉的時候，他只買一塊肉，我們沒有食材，所以只能看他示範而少了實作課。

第二週的課程又很快上完，第三週開始，大雄和我已經不耐煩並厭倦亞歷山大，然後也發現隱藏在教育後面的真相。我記得第三週的第一天，每週一都是新學生的報到日，那天沒有新人報到，亞歷山大來個大早，我見到老師主動問好，之前兩週他永遠都是睡眼惺忪，拎著早上到市場買的菜來學校，每天遲到半小時。

老師說：「今天要做酸肉香腸，這道菜來自東北部。」

亞歷山大喜歡下課帶學生去色情街的酒吧喝酒，Happy hour酒很便宜，助手還會買街上的路邊小吃，我覺得這也算是上課的一部分，許多奇怪的食物也挺美味的，我也想趁機認識它，我第一次吃到酸肉香腸就是在戶外酒吧。

「洗豬腸子，是等下要灌香腸使用的。」亞歷山大交代下來，「我來吧！」忍受有點惡臭的味道，我在洗手台上終於把腸子洗乾淨了。

一般來說香腸要曬兩週以上才能得到完整的風味，今天時間很趕，所以今天灌好就要煎，這樣有可能嗎？我腦中浮現問號。

此時我也在心裡犯嘀咕：「如果一開學就先做香腸，現在時間不是剛好可以料理嗎？（我對於他備課的草率深感不滿）」

老實說，亞歷山大老師的菜做得比我吃過的任何一間餐廳都好吃，但他不知是不是真的御廚之後還是瞎掰的，總之，我認為他一再強調他的血統，是為了掩飾他的自卑感，搞不好他是路邊攤之子呀。

「酸肉香腸這樣綁，先綁成小圓球，」亞歷山大示範完了之後，我們也開始動手做香腸。

那天做兩種香腸，一種是絞肉、一種是糯米，亞歷山大總吹捧是來自皇家料理，但是我看他做的菜全都是路邊攤的美味。他也喜歡吹牛，當他得知我帶著大雄去參觀藍帶學校時，馬上就說，藍帶這種等級的學校是請不動他的，我和大雄雖然私下都會覺得老師很好笑，但是其實並不否定他的好廚藝。

你可以再專業一點嗎？

上過兩週課程進入第三週，我也開始大膽起來，我不滿綁香腸竟然用塑膠繩而不是棉線，台灣和泰國一樣都是用塑膠繩綁香腸，但是如果當天就要入鍋煎該用棉線的不是嗎？

香腸放入平底鍋煎熟，亞歷山大煎好之後要我們跟著做，我開始生悶氣，塑膠繩怎麼能煎？怎麼能吃？這種東西怎麼能放入鍋中？

於是我故意開大火，把爐子上平底鍋內所有的香腸都煎焦，香腸只好丟掉。

「你在幹嘛？你的菜都焦了！」亞歷山大從教室衝到戶外，一路大喊。

終於讓他聞到焦味了，由於大雄只負責綁香腸，在一邊冷冷的看好戲，他很冷靜，不想做蠢事。

我說：「塑膠繩能吃嗎？為何要一起放入鍋子煎！」

這節課的氣氛很怪，因為昨天他想說服我到他家繼續補習，但我沒馬上答應，所以他想故意惡搞，大雄從頭到尾非常堅定不去補習，要去度假。我雖想多學，也怕老師不開心，所以不敢得罪老師，但是他竟跟我獅子大開口，所以我最後決定另外找學校，不去他家補習。

這一節課鬧得不歡而散，我想著我到底是花錢上課？還是來廚房跟人吵架呢？心中覺得莫名其妙。

不過經過那一次之後我就不怕得罪老師了，兩天之後我做一道雞肉咖哩。咖哩要放在鍋內煮，我再次把咖哩燒焦了，我常常把咖哩燒焦，我不知道要如何避免，亞歷山大看在眼裡但卻從不肯指導我。

「不好意思，可以再給我一份材料嗎？」我一邊把剛剛做的咖哩倒入垃圾桶，很氣自己，臉色鐵青，一邊問助手。在一旁的助手見我雙眼冒火，似乎知道大事不妙，直接飛奔去找在教室吹冷氣的亞歷山大，他們用泰語交談一會兒。

「嗨，你到底怎麼了，是心情不好嗎？」亞歷山大很會察言觀色，看我臭臉，口氣馬上變得溫和，原來他怕惡人。

「我每一次都燒焦咖哩，所以需要重做呀！」做錯事情的我卻理直氣壯的說。

「你的火開太大了，要轉到最最小火，這樣咖哩就不會燒焦。」亞歷山大跟我

講話的口氣親切到不行。

「喔！」我點點頭表示知道了，心裡卻暗爽，終於找到對待老師的方法。

但另一方面我還是很不能接受，這種情形如果在藍帶學校，老師會在第一次發現咖哩煮焦就馬上指正錯誤，而不會在學生燒焦數次之後，一定要我翻臉了，老師才願意指導。

比較這一點我就會開始不平衡，覺得他不是稱職的老師。

作菜做到想翻桌

第三週接近尾聲，我們已經沒有師生之分，也比較像朋友，亞力山大與助手常約我下課後外出用餐或喝咖啡，每一次消費都理所當然要我去買單，我覺得很奇怪，但想想畢竟是老師也就不計較，直到有一天亞歷山大開口跟我借錢：「你有沒有一千元借我。」「我沒帶那麼多錢。」我回答，他又說：「那可以借我五百嗎？」我是真的身上也沒有五百元，「那麼借我兩百吧！」不得已我只好掏錢，就當作請他喝啤酒，不過在同時也引發我對這個人的警覺性。

第四週開始，亞歷山大問：「你們還想學什麼菜？」大雄來自俄羅斯，他說：「湯品吧！我們那邊天冷，大家喜歡喝熱湯。」

輪到我，我說，「亞歷山大你決定吧！因為我也不知道還有哪些泰國菜可以學？」事實上，我一點都不想學湯品。

後來我改變主意，「教我泰式甜點吧！我喜歡多一點甜點。」亞歷山大的甜點很弱。

「那你可以來我家上課，你想學真正的皇室料理和甜點，我的價錢比學校便宜，而且我會給你打折。」亞歷山大說：「你一個月付學校十萬泰銖，我只收你七萬八千泰銖就好。」

當時，我壓力很大，萬一我把亞歷山大給惹火了，又要跟我借錢該如何處理，他要不是窮瘋了，就是把我當成肥羊宰。

但是我們也不能告訴校方，萬一亞歷山大真的不來上課，就沒有老師了，大雄和我想法一樣理由不一樣，我擔心學不到東西，他則只想息事寧人不要惹任何麻煩。

有一天，我們要製作玫瑰花肉餃，「做麵糰不是需要配方嗎？」我納悶著。

亞歷山大為了證明他自己很厲害，硬是把配方背出來，我們把麵糰炒好再整型，我們要使用特殊的夾子整型成玫瑰花，在製作技術上亞歷山大動作超快，讓人覺得他不想教會大家，問他絕竅在哪裡他也不回答，蒸出來的花餃跟包子一樣大，樣子怪裡怪氣。

後來我到別的學校，又學了一次這道菜才確定他的花餃配方根本有問題，這一切都跟我和大雄拒絕繼續到他家補習上課或許有直接關係吧。

因為這樣，亞歷山大在最後一週上課都讓我和大雄過得很痛苦。

一連串的不平靜

接著就是一連串的波折，首先是在上課時他和大雄大吵一架，起火點是亞歷山大無端批評，「俄羅斯軍人根本就比不上泰國軍人……」來自軍人世家的大雄自然吞不下這口氣。兩人一路從教室罵到戶外陽台，學校負責人雷恩不在校，所以沒有任何人可以出面調解。

陰陽怪氣的亞歷山大當大雄缺課不來的時候，也對我特別冷淡！

他知道我畢業於巴黎藍帶學校，找時間在我面前嚴厲批評藍帶學校，「藍帶是一間糟糕透頂的學校，沒有一個畢業生有出息，是一間沒有競爭力的學校，糟透了，總之，我告訴你們，法國的一切根本比不上泰國……」

我並沒有被他激怒，我從頭到尾都看穿他的詭計，不中計也不發怒。

四週過去了，畢業後，我找一天將亞歷山大跟我借錢、私下授課的事情跟校方一五一十說了，「我們是外國人，在語言不同的國家，面臨老師這樣的精神壓力，是很緊張的。」事實上我也想讓雷恩知道，「我想這是對自己負責，也不希望將來有學生面臨跟我一樣的處境。」

學校馬上開除亞歷山大，這出乎我的意料。

校長雷恩虛心接受，不斷鄭重道歉並且解釋說學校很歡迎我隨時有空，跟別的老師實習。事實也證明，每一位老師都很優秀，我願意把好的和不好的記憶和經驗分享出來，當然一切的不開心必需先化解後才能做到。

老師的威脅留言

被開除的老師亞歷山大，發瘋似的在我FB留下極盡難聽的話語，我很害怕，Copy一份給校方和旅館老闆，雙方都保證不讓亞歷山大接近這兩個區域，我才放下心中一顆大石頭。而我的同學大雄頓時成為我的精神支柱，靠著和他的FB交談，才讓我恢復平靜的心情，出外靠朋友，這是最真的寫照。

2

奇奇老師和同志胖老師

自從我決定要好好學泰國菜之後，我便心知肚明自己是一定逃不掉果雕課（別再問怎麼會那麼害怕果雕課），因為我的眼力和腦力都不行了。

約莫是我到Wandee報名後，就已經知道果雕課是非學不可的，但在稍早之前，我還在想能不上就不上，反正我又不是要當雕刻藝術家，能略過就略過。

「一般來說是要天天練習，我已經練習了七年。」我的果雕老師奇奇如是說。果雕課，是我在Wandee上課最擔心的課程，上過第一節課之後，我就知道完了，我的老師奇奇總說，手指要靈巧，沒有耐心無法持續練習，但是我兩個都缺乏。

我已經進入中年，要戴著老花眼鏡才能把手上的小辣椒籽看清楚，我很想直接退出果雕課放自己一馬，不過，果雕是泰國廚師證照的必考題，基礎中的基礎，想學好泰國菜就逃不掉，我只好認命了。

以教授果雕為主的奇奇老師，永遠保持一張隨時準備上台表演的濃妝，我本以為我已經習慣看泰國小姐濃妝豔抹，但每一次看到老師還是覺得怪怪的。

果雕課第一節課，由辣椒、青蔥、小黃瓜開始練習，我上團體班，所以當全班都在講泰語我就等同鴨子聽雷。老師講泰文，雖然解釋詳盡，她教完後，全班一起開動，每一位同學都躍躍欲試的想表現自己身為泰國人的那份驕傲，露出一絲微笑，我則是滿頭霧水，不知道該如何下手。

奇奇老師不會說英文，我不會說泰文，忽然想起在泰國廚藝學校的亞歷山大老師說過：在泰國很多厲害的老師不會講英文，會講英文的老師做菜就不行，奇奇老師就是那種很厲害的老師。

因為卡在無法和老師用英文溝通，也看不懂蝌蚪文，老師一個一個指導，輪到我的時候，她的教法是依樣畫葫蘆，當她握著我拿雕刻刀的手，她教我一顆葫蘆的表皮要雕出水滴型，右手拿刀，從左邊開始往內斜刀，劃斷表皮，接著往右也斜刀劃斷表皮，左右兩邊劃成水滴狀，表皮就能出現水滴狀的弧度。她一放手，我的手又開始不由自主的不聽話。

最後，老師只好拿起我的葫蘆，直接幫我整理整理像被狗啃過的葫蘆，看起來就好多了，讓我順利交卷。

奇奇老師很年輕，也很有耐心，但是我就是學不來，直到我發現她漸漸失去耐

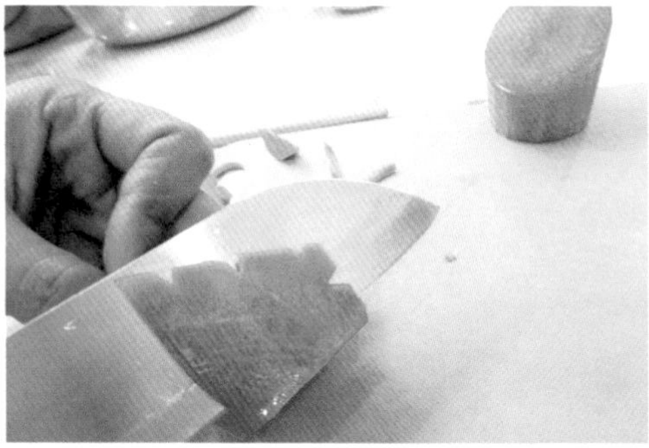

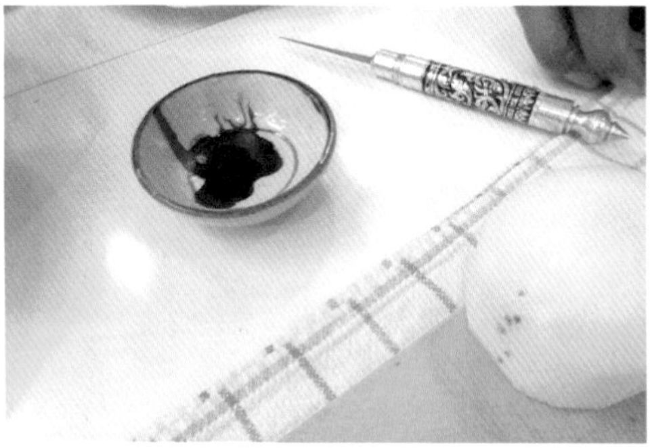

心。

第三節課是挑戰白蘿蔔，而最後要學的是雕一整顆哈密瓜。

那一天的果雕課程，忽然比平常多很多同學，包括奇奇老師總共有三位老師，奇奇老師從頭到尾都離我遠遠的，只要她靠過來的時候，二話不說，便直接拿起我在水盆中的蔬果，把我剛雕的坑坑疤疤的水果，重新雕過，所以我的水果都比其他同學小。

那種感覺很糟，只覺得在等待下課鐘聲響起，我沉默的度過一天六小時的果雕課，雖然在奇奇老師的大力幫忙之下，我不是最後一位離開教室的人，但我始終覺得，我完全沒搞懂怎樣雕好水果？完全不懂技巧和方法。

果雕算是一項很難的手藝，需要透過練習才能達到熟練和水準，雖然我天天練習，但是絲毫沒有進步，一直到我上了高級班，還在練習基礎班的黃瓜和葫蘆。

我曾公開請教過學校內不同的老師，之所以日復一日雕刻卻完全沒進步到底是什麼原因，我也不清楚，但是越是如此我越不想認輸，就當是我個人的自我挑戰——我要讓我的果雕技巧一天比一天進步，當然，這除了要天天苦練之外別無他法，我竭盡所能，要求能刻出盡善盡美的作品（但是每次看到成品還是只能搖頭！）。

後來，學校來了一位新的男老師，我一眼就能看出他是同志，他有一個巨大的身軀和一顆細膩的心，愛吃甜點和懂化妝，但是不能上課化妝，我看過他的毛小孩被畫上眼影、戴上假睫毛的照片，簡直迷死人，我想，胖老師不教廚藝，還可以去開寵物美容ＳＰＡ，保證生意興隆。

胖老師是我的料理老師，不是專門教果雕的老師，但是我發現他也會雕果雕，於是就厚臉皮把前一晚練習的果雕請他指點，因為每天晚上都練習，我見到任何老師誰有空就會抓著老師請教我的問題到底出在哪裡，好做為改進。

胖老師教學很有方法，他有一天要我坐下來，用圖畫方法讓我瞭解如何雕刻，當他把技巧用紙筆畫出來之後，一語驚醒夢中人，我忽然之間懂了，於是在兩個月之後，終於能雕出和一般同學相同的水準。

胖老師因為體型龐大，他很聰明但看起來卻笨笨的，我學椰汁石榴冰時，他強調一個荸薺一定要切成十八份，才能像真正的石榴，細緻又精巧，出自他那雙像甜不辣、胖胖的手指，常常讓我驚嘆連連，他龐大的身軀內藏著完美的細節。

3 翻臉不認人的汪娜老師

我一直認為廚藝學校的老師就該當過廚師，這一點在法國是沒問題的，但是在泰國就不一定喔！

在泰國廚藝學校的老師陣容除了廚師外，也會邀請一些不知是什麼來歷的人來共襄盛舉。Wandee廚藝學校算是一間大學校，在我的四間學校之中，有三間學校的老師，都曾經待過Wandee。南特老師是在我於泰國廚藝學院上課時間離職，但當我回去實習時，他又再回鍋任教（補亞歷山大的職缺），他有七年時間在Wandee工作的經驗。南特老師的果雕雕得很好，他曾經多次跟我抱怨，以前教澳洲學生，這些洋人都看不起泰國老師，把他當私人家教，使喚來使喚去，他心中很不是滋味。

「好誇張無禮的澳洲人，怎會這樣不懂尊師重道。」他連講述時都還在生氣。

我從來都沒想過要看輕泰國老師，像南特這樣的泰國老師，是很站在外國人的立場設身處地的好老師，所以我很快就跟他變成好朋友，後來也跑去上他的課。

南特老師也推薦我許多好吃的餐廳和資料，當我們提到Wandee學校，他用推崇的語氣說，Wandee女士的親生女兒叫做道，她算是學校王牌教師，她在海外留學多年，講得一口好英文，並且有非常專業的廚藝知識和廚藝經驗。

根據之前對學廚藝的堅持，再加上老師口中的名校，索性我也就報名了Wandee廚藝學校。我是報名一對一的英文授課，可惜，上過一週課程之後，忽然被更換老師了，後來我才知道，道請長假，處理家務事去了。

而換的是名叫汪娜的老師，是學校訓練出來的老師，但她並不是廚師，不過除了道老師之外，她是唯一可以用英文授課的老師，所以我也別無選擇。

那一天，她來教課，坦白說，我挺失望的，因為誰都想上王牌老師的課。汪娜老師帶著大電腦，一頁一頁講解當天四道菜色的做法，照表操課陳述一切，從食材介紹到做法，難道都沒有一點特別的技巧可以分享嗎？

「老師，為什麼這道菜叫做女婿蛋？」

「老師，女婿蛋可以擺盤嗎？」

「老師，女婿蛋一定要煮熟？」

結果我發現她對於廚藝的專業度不夠，也沒有在職場工作的經驗，跟道老師比起來差很多，但是汪娜老師還是有優點，她的優點是可以和我分享許多餐廳和路邊小吃美食的訊息，這和她來自華人第二代泰國人的家庭生活有關吧。這些是課外的資料，料理也是文化學習，漸漸地我們也成為好朋友。汪娜會帶我去市場買廚師服，如果有她認為我沒吃過的泰式甜點也都會買來請我試吃，就在我認為可以和老師成為好朋友的同時，她對我的態度卻忽然改變了。

一對一教學，老師都是貼身指導，我認為汪娜可能是受夠了我每一節課，每一道菜都要求她完美地擺盤，這對連果雕都不會的她，有其困難度。

有一天，我要學習黃豆沾醬，那是泰王到歐洲求學時念念不忘的醬料，汪娜老師這樣介紹這道菜，首先要將鹽醃製的黃豆搗出黏性再加入煮熟的絞肉和鮮蝦。

當我奮力在石臼內倒黃豆和其他配料，速度非常緩慢，而且很容易飛濺出醬汁，「你知道上次有個老外就堅持要用食物調理機做這道菜，你要不要試試看，」「不要、不要，我想用傳統泰式的做法可以嗎？」我沒抬頭回答老師，「但是用攪拌機效果不錯喔！」汪娜又試圖重複她的好意提醒。

我依舊堅持要用傳統的做法，於是汪娜便跑開了，直到下課，她一直跟旁邊的泰國同學聊天就是不願意再靠過來指導我，忘記她身為一對一老師的本分。

我雖然不懂泰語，但是可以明顯感覺她在對其他人抱怨我。之後每一堂課，她和我講話變得很僵硬，疏離得像是我們不認識，對我的發問也是一問三不知。實作課時不但不指導我，還跑去指導別的學生，只有當我碰到問題十萬火急呼喚她時，「老師可以來一下嗎？」她才過來看一下，但馬上就又離開。

從那天起，我就沒時間也沒有好心情吃午餐了，我忙著死背下兩道菜的作法或者利用時間提前備料，變成一個孤軍，只是因為我堅持要學泰國傳統做法嗎？班上同梯的泰國學生會說英文的很少，所以，我被嚴重排擠。

幾天後，來了一位英文很好的貴婦同學，我們在廚房一起做菜，只要我們一交談時，汪娜便會衝過來打斷我們的對話，試圖孤立我的意圖非常明顯，我只是覺得，專業一點的老師應該不會發生這樣的事情。我忍不住找南特老師訴苦，希望他能為我解惑。

龍鬚糖（Roti Saimai）

在泰國走過約十間觀光課程學校和四間專業廚藝學校，其中不乏博學多聞、英語流利，同時手藝出眾的老師。接觸越多老師，能學到的東西越多也越豐富。泰國料理有許多技巧，這些技巧並不是教科書，泰國菜的課程也不是法國菜課程，在法國能找到基礎做法的聖經，每一間學校都有一套公版的教授法。我曾經想學泰國的龍鬚糖，問了許多老師，他們後來推薦我發源地——大城，只有店內的師傅會製作這樣的糖果。

「汪娜是我的老同事，以前我當老師時，她是學校業務人員，因為會講英文而且對廚房很有興趣，才轉成老師……如果我沒記錯，她好像是女同志，」南特是我的好朋友也是同志，當他意有所指說會不會老師對妳吃醋了，我心想這不可能吧。

而事實上，我認為是我的要求超過汪娜的專業和能力，「泰國老師面對提問，會覺得是自己受到質疑。」南特後來慢慢地跟我分析，原來是文化不同。就是因為我不懂才要開口發問的想法，泰國老師很難瞭解，我從來都不想質疑老師，我只想搞懂問題。

一週之後，我的簽證到期，但是高級班的課程卻還沒有結束，下課前我告訴汪娜，「後天我即將要回台灣……」沒想到，這句話竟然對她產生道歉的作用，又把她的熱情拉回來了。

PART 5

料理的療癒效果

到泰國廚藝學校學料理，和泰國與來自各地的同學們朝夕相處，老師與學生，同學與同學，在我追逐美食料的同時，這些人都給了我許多的幫助，讓我在異地裡不寂寞，更可以順便和這些美食達人交換做菜與品嚐美食的心得，於公於私，我都十分珍惜這樣的奇妙緣分，那些和同學一起上課和生活的影像深印在我的腦海。

和不同的同學一起上課，從一開始的彼此不認識，到後來能一起分享他們許多的故事與心情點滴，大家一起做著喜歡又認同的事，一起帶著對未來的美好夢想與憧憬而努力著，雖說學廚藝是很辛苦的一條路，但是只要大家一起走，就不會覺得寂寞了。

1 那些廚藝學校的同學們

在泰國學廚藝，同學多的好處是大家來自不同地域，一樣的菜色大家有著不同的考慮與問題，大家更能集思廣義吸取不同經驗。

我有位同學來自莫斯科，莫斯科天冷，他自己於是只想要在湯類、麵類下功夫，對於沙拉冷盤菜色顯得滿不在乎，他說，「我們不太吃辣，只愛熱食，」所以可想而知，當他回到蘇俄做泰國菜的時候，辣椒一定不會放太多。

我剛到曼谷上廚藝課，第一週，班上只有我和莫斯科同學，第二天，又來了一位住在比利時有印度血統的女人。這位比利時女同學和她先生正分居中。

而我的莫斯科男同學剛離婚，他說辦完離婚手續那一天他的全部財產和小孩都歸女方，剩下的只有他家裡養的那一條狗，原因是，女方不喜歡狗。

這位離了婚的俄羅斯男人，千里迢迢遠離家鄉來到泰國，他說泰國什麼都便宜，包括：女人的價錢。泰國食物和環境都是一大刺激，還說泰國人笑貧不笑娼，所以他來這邊算是安慰自己受傷的心靈。

而住比利時的女同學，在英國長大，目前和老公分居中，帶著一個五歲小女兒，她與媽媽來曼谷度長假，她的廚藝不太好。

她說自己很有錢，有一個廚藝絕佳的媽媽，即將和媽媽回去比利時開設泰國餐廳。她媽媽的廚藝被她誇大到極限，簡直媲美「食神」，可惜，她身上沒有來自媽媽的遺傳，只要看到她剛燒出來的菜，就能明白她失敗的不只是婚姻。

她被先生拋棄的痛苦似乎還在，這位曾經很美貌又還年輕的媽媽，天天拖著臃腫的身材和垂頭喪氣的神情，出現在課堂上，她精神不濟但一開口又頤指氣使：

「亞歷山大（老師的英文名）你要教我做水餃，而且是中國式的。」

亞歷山大老師無奈地回答：「這道菜並不在課堂範圍中，以後有空再說吧。」

「如果你不教我，我明天就不來上課。」她無禮到讓我們都替她緊張起來，她更是常常把上課氣氛弄得很僵，她的言行舉止真讓人無言。

廚藝教室對這些來療傷的同學們有可能是一種苦難，但是為何他們又要來上廚藝課呢？

因為學做料理是一種絕佳療癒吧，美味可以讓人轉換心情！我是這樣認為。

就算是每天早上，我都看得出來這位女士昨夜又酗酒或是安眠藥效還沒退，她蒼白的臉和受傷的心一樣讓人同情。我想，在廚藝課上可以分散一下她的生活傷痛，她失禮的舉動又或許可以抒發一下長久累積的壓力。很奇妙的，或許上廚藝課能輕易掌握在她的手上，她能夠將心結解開，重新編織一個未來美美的藍圖，我看到的是事情的另一個樣貌，如果這不算療癒，還有什麼算療癒。

我知道有人會批評這些同學，我卻認為很ＯＫ。學料理是一種可以抒發情緒的妙方。我喜歡料理，我瞭解料理對於某些人的意義，我也能深刻感受美食撼動人心的那種感覺，因為我，一樣也是用料理來療癒自己的寂寥。

我常認為生活有時總少了些什麼，還好面對新國度料理的學習，給心靈一個補償填滿的機會！我用學做菜找回生活中的部分快樂。

果雕課的真勇士

在國外廚藝學校，能夠認識來自世界各國的同學，儘管背景差異或者年紀懸殊，但是透過廚藝還是能夠打破世代和語言的障礙，正所謂「料理無國界」，這句話講得真好。

我在泰國廚藝學校的課程和一般的學校最大的不同是，它有分團體班、個人班和專業進修班三種，而這種小學校的好處是同學們來來去去，即便是只認識一天，也能從別人的身上學到一些東西。

有一次，隔壁班來了一位非常壯碩的老人家，他膽子不小，竟選修高難度的課，因此引起我的好奇心。一般觀光客都喜歡上現學現賣的泰國菜，回家後在親友面前能夠小露一手，就算沒有百分百原汁原味的程度，但是只要酸、辣夠味，就八九不離十，可以矇騙過關。

相反的，果雕是一門精細又特別的專門技術，完全沒有偷吃步的捷徑，敢去選上一對一果雕課的人，絕對有其目的，而這位老兄就選了一對一的果雕課，大大引起我的好奇。

老先生禿頭，僅剩一把灰白長頭髮，捲成一個髻，綁在後腦勺，上面還跳出一支小辮子，有點類似北歐海盜造型。大大的肚子，超重的身材，光看就知道平日吃得很多。不過這就是我常看到的標準大廚身材。

我利用上課前的空檔，隔著玻璃窗看著他，我的臉貼在玻璃上，引起他的注意，他友善的用眼神示意，我可以進入教室。

他臉上戴著老花眼鏡，兩隻大手，抓捏著幾乎被包住的小黃瓜，一手拿著尖又薄的小刀，慢慢的一刀一刀雕刻出細細的紋路，靈巧的雙手，和巨大的身軀成反比，我猜，他以前應該是從事餐飲業的，因為他的指甲和肥厚的手掌這樣告訴我。

「這是你雕刻的嗎？」我故意指著老師的作品對他說。

「對呀！」他調皮地眨眨眼。

接著他自我介紹，「我是來自澳洲的退休廚師，待在廚房已經是一個沒有用的人，現在周遊亞洲各國，順便到處學習廚藝。」

「工作那麼久時間都奉獻在廚房裡，如果沒有努力過，哪有資格談退休呢？」我笑著對他說。

「而且，你這麼努力還利用假期不斷學習新的東西，這就是從事廚藝這行應該學習的態度和精神。我真心給你一個讚！」講完後，我們面對面開懷大笑，雖然我並不認識他，但是光從他的學習精神，就讓我打從心裡開始尊敬他。

像這樣退休之後還願意學習的廚師，廚藝自然不會讓人失望，但是他擁有比好廚藝更重要的東西，譬如，一顆願意一直學習的心與挑戰不可能的勇氣。

讓人不敢恭維的帥哥

每週一，我們的隔壁班都會有新學生報到，老鳥看菜鳥的心態我已經寫在臉上，當我被新生當偶像般崇拜，只因為我的泰國菜和歐式甜點做得一樣讚，也挺得意的。

有一天，隔壁班來了一位長得挺帥的學生，他五官端正，風度文雅，又總是面帶笑容，這位加拿大人，可是會說五國語言，其中還包括一點點泰語，大家都覺得他好厲害。

一開始，他不肯透露自己的身分和工作，因為這樣更引起我們的好奇心，為什麼要提到他，因為帥哥總會讓人念念不忘，但是除了帥之外，有一次他還分享了一個自身的慘痛經驗。

重新辦簽證，是每一位想居留在泰國超過兩個月的人都要面對的問題，他很認真的說：「以後我再也不做這種事了。」他說這話時口氣很不耐煩，原來是他為了簽證，接受便宜又快速的建議，搭巴士去柬埔寨申辦，當天來回，一趟要花十個小時，來、回等於一整天都坐在巴士上，這種搭車的辛苦，讓他受不了。

我和大雄也覺得這是個不好的經驗，我告訴自己，寧願飛回台灣，也不要千里迢迢搭車去辦簽證。

之後，我畢業了，兩週後，我回鍋去當實習助手，剛好又遇上他再度來上課。這一次，他態度一百八十度大轉變，忘了我們曾是隔壁班的同學、曾一起聊天分享經驗、他還曾經誇獎我的手藝。這一回他把我當成一般的泰國助理，對我很不客氣，更別說老同學重逢的敘舊，他眼睛根本長在頭頂上。

原來，他在加拿大竟是一位私人廚師，這次來學做泰國菜，相信回去之後將會更受歡迎。

大雄和我心裡想法一樣，原來我們有眼不識「大廚」，不過看他做菜的身手、刀法和調味功夫，我還不太敢恭維，這個「大廚」真的是個「大廚」嗎？還是加拿大的標準比較低？

風度翩翩的日本老紳士

有一位日本先生來上課，他是一位已退休的公務員，從日本要到法國去探望孫子，途經曼谷，突發奇想想說學習泰國料理，可以給家人一個驚喜。

這位日本先生非常紳士，還會禮貌性送班上同學小禮物，也常主動請大家喝飲料，幫忙整理教室的環境，特別是送給老師的伴手禮絕對不寒酸，讓老師總是心花怒放，而面對日本先生的教學態度好到一個誇張程度，讓我們這些沒送禮物的學生大開眼界，原來「講禮數」可以這麼受用，而我們這些同學也蒙受其利，沒什麼不好。

這次我真的看到日本人做公關的厲害，當然我也驚訝於一份小小禮物的力量，所以，我也趕快跑到日本書店的中文區，找到一本我的中文簡體書《果醬女王》當回贈禮物。

有一天，日本先生又買了一公斤的櫻桃，要價五百泰銖，進口水果真的比本地產的水果貴上十倍不稀奇，他大方拿來分享請大家吃，只見他一半裝在盤子上，另一半的櫻桃打包，讓助手帶回家享用，這位日本老先生真的讓人有如沐春風的感受，待人接物都值得我好好學習。

跋扈無禮的比利時Lady

我在泰國廚藝學校選上的專業課程，事實上並不適合給初學者，原因是因為老師其實沒有什麼耐性，但是只要願意學習，學校也是沒有理由反對任何人想來上這門課。

原本這一班只有我和來自聖彼得堡的廚師大雄，對於新同學竟是廚藝門外漢，我和大雄雖有點微詞，覺得上課變得過於簡單有點無聊，陪公子讀書也有點煩，但是還是只能乖乖去上課。

我前面講的那位日本先生和這位來自比利時的Lady是同一天來到班上，這下子可熱鬧了，在一個班級中程度相差過於懸殊，為了怕他們趕不上，老師故意放慢教學速度，課程也變簡單。課堂間，對廚藝完全沒有基本常識的兩位新夥伴狀況連連。

原本這堂課老師一直認為程度不一樣的學生不該放在同一間教室，但是如果學生自我感覺良好有膽來上專業班，大家也莫可柰何，我們這位比利時Lady，就是一例。

有一次，大家在聊天當中她看似無意卻感覺有意地透露，她說，「別小看我，我也是巴黎藍帶學校學生哦！」我本來還猜想，至少是三個月的基礎班吧，結果答案揭曉，「她上過一日課程」，真的快笑掉我的大牙，難怪當我問說妳上了哪些課程，她有點不好意思，但她說她是有領到結業證書，還在那邊洋洋得意，我在心中OS：去唬別人吧，在我面前，省省吧。

她之前曾在上海工作，是貿易公司的上班族，這次來泰國是和女兒與媽媽一起旅遊兼散心，因為她正在和老公辦離婚，可能還是在療傷期，她日日表情沮喪，常一邊搗咖哩一邊發出嘆息聲，也或許她覺得專業課太難。

午休時間的閒聊，任何話題她都能下同一個結論：千萬不要跳入婚姻這個火坑！

我知道批評她會被說火上加油，但是課堂是大家的，不是她一個人的，不能老是她的意見最大，搞到最後大家都對她有點鄙夷，因為她老是不懂又要表現出比別人懂。於是，她成為我們在背後八卦的話題，而她在課堂上發問的問題，也成為我們課後的笑話。

而她依然我行我素，看起來更像是故意的，總在老師話一說完就緊接著問一些五四三的爛問題，再再流露出，她完全沒有廚房經驗。

比利時Lady很喜歡自己改菜，明明是魚餅她硬要做成魚球，來表現她的不爽，而且她從來都不尊敬老師。

有了這樣的同學就不需要敵人了，我和大雄總是面面相覷，深覺這位美女同學根本就是災難來著。

巴黎貴夫妻

我記得廚藝學校校長曾說過，要針對吃素的學生特別準備素菜教學，但是對於凡事愛挑剔的法國人來說，最喜歡不按牌理出牌，不按照泰式做法，大家其實都很瞭解法國人就是一個愛自以為是的民族。

有一次假日，我特別報名其他學校的泰國菜課程，除了體驗學校之外，也可以順便觀摩考察別校老師的教法。

那一次的課程，有一對來自法國巴黎的貴夫妻讓我印象很深刻。我們被分到同一組上課，那位巴黎太太看上去高傲得不得了，我熱情地過去用法語跟她打招呼，她卻愛理不理，還好她老公有稍稍回禮，否則我會超級尷尬。這位眼睛長在頭上的巴黎貴婦，還以為這裡是法國呀，跩得要命。不知道她為何很刻意地避開我，特別是當小組在聊天時，只要她老公跟我多講幾句話，她便刻意跑來中途打斷，擺明找碴，我想，難不成她以為我是她覺得低她一等的泰國本地人，還是以為我要勾引她老公。

上課時，我們要學做三道菜，然後自己享用或和別人分享。大家每做好一盤菜之後就得先端上桌，當我把剛煮好的綠咖哩端上桌時，那位法國老公忽然發現，我做的和大家都不一樣，看起來是專業級水準，於是就在做第三道菜時，本來離我很遠的法國先生，忽然站在我旁邊的炒鍋位置，仔細地看著我做。當我把三道菜完成後，全小組的作品一擺上桌，就能明顯看出我的程度領先大家太多。

這時，法國貴婦似乎開始後悔之前對我態度不好，整個人來個一百八十度大改變，努力主動靠近巴結我，這下反倒是我表現地十分淡定，我在心裡喊著：我和妳不熟好嗎？請與我保持距離。

廚藝的確可以拉近人與人之間的距離，我很大方，熱情地讓坐在我對面的馬來西亞先生分享我的好手藝，卻完全不願招待這對法國貴夫妻，他們看起來很想嚐嚐我做的綠咖哩雞、涼拌沙拉和泰式炒麵，但是想都別想，誰教他們之前那麼沒禮貌。

那堂課，我上得很有心得，但心情被這一對巴黎貴夫妻搞得不太好，這法國人的優越感，真讓人不舒服。

我覺得因為種族的差異，讓我沒有被平等對待，偏見、歧視出現在貴太太的眼神與舉止中，並不是「她到底有沒有真的是瞧不起我的意思」的這個問題而已，有些人覺得我或許太小器，這樣就錯了，因為我認為人是互相的，你尊重我，我就會尊重你，你對我很沒禮貌，那我也沒必要禮遇你。

人和人之間的脈絡、連結絕對是雙向的，巴黎貴太太高人一等的樣子，讓平日以和為貴的我忍不住「以牙還牙，以眼還眼」。

2 異國姻緣的樂與悲

我既然到曼谷學廚藝，順便瞭解一下泰國婦女也算正常，就如同我以前到巴黎藍帶上課，老愛研究周圍的法國女人一樣。

雖然不是每個我認得的泰國女人我都有興趣研究，但是大約瞭解幾個就差不多知道這些泰國女生在想什麼了。

幾位泰國女同學被我問及「為何你們都喜歡嫁給外國郎呀？」的問題時，她們異口同聲說出這樣的答案。「因為我想離開泰國。」「因為外國人比較有錢，可以生活得比較好。」「外國男人比泰國男人好。」

「泰國女人眼中只有錢，有錢什麼都能搞定，」一位男同學東說，東和媽媽一起在比利時開泰國餐館，老婆住在老家蘇可泰，回泰國上課是為了考廚師證照，本來就是廚師的他，待人處事很圓融，連在7-11買東西都可以交到朋友，沒多久，他就邀了一位泰國女孩同住。

泰國觀光業發展蓬勃，深受世界各國遊客喜愛，不少泰國女孩從事旅遊、美食服務等相關行業，因此有機會和外國人打交道，我想這可能是異國姻緣比其他國家多的原因之一。

我在曼谷街頭最常見的畫面是異國情侶，任何年齡層的老外身邊都陪伴著身材姣好、濃妝、年輕、貌美的泰國女孩。我曾聽一些來自他國的男同學說，歐美人士很喜歡到泰國度假，因為可以租房子、租摩托車，連女友老婆都可以短租。

不過泰國女孩嫁給老外和過好日子也不見得就等於畫上等號，我周遭遇到的泰國女同學，也有一些是以離婚收場的。

立志要嫁外國人的寶琳

寶琳是我廚藝班的同學，她的家鄉在泰國東北部的貧窮鄉下，媽媽讓她跟著阿姨長大，阿姨在芭達雅的海邊開設美容院。

她跟我說：「英文很重要，阿姨嫁給德國人，仍繼續在觀光區開店做外國人的生意，姨丈過世後，阿姨還領著德國社會福利金。」

寶琳便是在這樣的環境下成長，顯得十分成熟懂事，除了分擔美容院的工作，把英文學好嫁給老外自然成為從小目標。後來她順利結交德國男友，規畫未來在德國開泰國餐廳，因此，來廚藝班進修。

只要快樂就可以的May

我念的廚藝學校Wandee是針對泰國人所開設的，所以在校內許多會說英文的泰國同學，多是外籍新娘，也有少數是在國外受教育。

因為是泰國人，說真的和她們要打成一片、沒有隔閡要花點功夫。宿舍中大多是住在外地的泰國人。住一樓的同學，有一位個子小小的、二十五歲，有二分之一印度血統的漂亮混血兒，名叫May，漂亮又不做作的她，人緣很好，是班上的活寶，她不擅廚藝，做菜常鬧笑話，但說話很直接，常逗得全班哈哈大笑。

May就嫁給法國人，住在里昂，但是她住不習慣法國，便假藉學習廚藝跑回泰國玩，「我有一個十歲大的女兒，住在泰國鄉下。」我本以為她在開玩笑，直到有一天見到保母帶著她的女兒來學校，我才發現原來是真的。

她當時也交往一位越南籍的混血男友，英文不好的她跟我說：「Sandra，你千萬別跟別人說我是泰國人呦。」因為她那位男友不喜歡跟泰國女孩來往，我心想：有老公和小孩還有男友，真不可思議。

學校宿舍公寓，位於巷口內，只要有大卡車經過，會造成整棟樓像地震般晃動，巷內的住家，不是在擺路邊攤，就是幫自助餐廳炒大鍋菜，所以常常在凌晨四、五點，卡車輾過路面的咚咚聲震動整條大街，還有油煙味瀰漫整條小巷。

有一天半夜，我熟睡中，房門外有人大聲喊：「Sandra，Sandra，」我瞇著眼睛，打開房門，May站在房門口淚流滿面說：「他喝醉了，我扛不動，你幫我吧。」原來在路邊醉倒的是她的男友，「喂！你睡馬路沒關係，但你會妨礙麵攤生意，要不睡校門口去，」我好說歹說，終於幫May把人扛進宿舍。

對於May而言，她的人生觀是，「只要我快樂有什麼不可以。」對於婚姻中男女的權力關係與社會道德規範所宰制的傳統女性觀，她才不管。

五百泰銖招來好姻緣

泰國同學中，普的長相普通、身材矮胖，但她有一頭烏黑亮麗的漂亮長髮，從背後看完全是美女，普和我住在同一棟宿舍，主動表示友好，常請我品嚐土產，後來我才發現，她是公認的討厭鬼。

覓得澳洲籍如意郎君的普的招牌笑聲是，「呵呵呵」，愛在泰國同學面前炫耀，「我老公是做洋酒生意，呵呵呵，」「我們要在布里斯本開餐廳，呵呵呵。」感覺嫁得不錯，但被問及老公做什麼，她又答不上來。

全校的師生都聽過他們的羅曼史，也看過普在澳洲為家人料理泰國菜的照片，她想快點學好廚藝回家開餐廳。

故事是當初年近半百的澳洲籍老公，要離開芭達雅回澳洲時，身上只剩一千塊泰銖，可是到機場的車資超過一千塊，普便偷偷在他皮夾內塞了五百塊。她貼心的舉動教他念念不忘，不久後，再回泰國找她續前緣。

「CP值很高，五百元泰銖換千里姻緣，」午休時間，大家一邊吃飯一邊八卦。

「你看！普的老公都已退休，開餐廳，只要娶個老婆就省去請廚師和泰傭兩種錢，普的英文程度那麼差，又不會囉唆，這個老外真是聰明。」

這話說得酸，但大夥兒聽完無不呵呵的大笑。

「你看，我做的菜比你的好吃！呵！呵！呵。」普常常不客氣的批評同學，和一般泰國人溫遜有禮不同，「你看我做的包子多漂亮，呵！呵！呵。」、「你的包子做的很扁喔，呵呵呵。」普的話引起不少人不滿。

藍藍為愛走天涯

另一位媽媽級的同學藍藍，遠嫁比利時，長得非常漂亮，年輕亮麗的外表加上苗條的身材。「妳老公會講泰文嗎？」我問。

「不會，他講法文。」藍藍帶著微笑回答。

「妳會講法文嗎？」我好奇的問。

「我不會，我會一點點英文。」

「身體語言，我們心中有愛，用動作就可以溝通了。」

他們生了一個女兒，準備在國外開泰國餐館。這位泰國美女，擅長經營人脈，為將來打點送禮毫不含糊，尤其是在考試前夕，大家都會收到她精心準備的禮物，一表感謝幫忙協助，二是一切拜託了。從這點我才知道，原來在泰國送禮是必要禮數之一。

泰國千金小姐嫁日本

異國婚姻的新娘並不一定都是來自鄉下。有天學校來了一位嫁作日人婦的泰國媽媽，除了長得漂亮之外，深受日本文化影響，儼然像是日本人。含蓄婉約的氣質、溫柔輕聲的語氣，以及總是客客氣氣，禮貌周全，讓我印象深刻。原來她結婚之前，就是個千金大小姐，旅居海外，她說：「我已經有點不太習慣泰國的生活步調，學廚藝是想將來可以傳授家鄉味給自己的小孩。」

安娜和金

第一次見到安娜和金，從她們的言談舉止、穿著打扮讓我聯想到「陪外國觀光客的伴遊小姐」。金身穿低胸貼身上衣、寬鬆長褲，腰間並繫著細細皮帶，頂著一張畫了藍色眼影和辣椒紅唇膏的妝容，加上那種魅惑笑容，跟夜店、酒吧等待客人的小姐如出一轍。

安娜則是穿緊身上衣、緊身牛仔褲，更顯身材凹凸有致的同時，氣質俗豔，特別是她特愛推薦老外喜歡的餐廳，越發讓我聯想連連。

不過幾天相處下來，我才得知，金遠居瑞士三年，和法國老公離婚後返回泰國，不會說英文；安娜則嫁給英國佬，打算在居住的辛巴威開設泰國餐廳，英文能力不錯的她，不僅成了我上課發問時的最佳翻譯，她常主動把大家和老師嘰哩呱啦的交談討論，翻成英文讓我明白。

同學對我越好，我越感到抱歉，因為一開始我竟然目光如豆，光憑外觀打扮來評判她們！

每當幾個女生吱吱喳喳說著泰語，就讓我很沒安全感。

我記得最後一天上課，課程結束後，我們互相留下聯絡方式，金卻遲疑了，最後勉為其難地留下Email。下課時，動作向來慢吞吞的金，竟然一改常態，不斷催促我動作快點，大家一起走。可是當我們到一樓時，金又突然不趕時間了，慢條斯理地選購起她不曾看上眼的學校即期麵包，我只好匆匆道別。

到達BTS站，一拿出錢包，我嚇了一大跳，千元大鈔不翼而飛！剩下的紙鈔只夠買車票。我想我的錢被偷了，我生氣歸生氣，不過反過來想想，偷我錢的人想必比我更生氣，冒那麼大的危險就只偷到這麼一點！

這事讓我學習到，出門在外，財不露白，別讓皮包離開自己視線，另外就是錢最好分開收放。後來，我嘗試和金聯絡，知道她留的Email是假的，心裡涼了半截，也間接證明我心中的疑惑。

我藉學廚藝也順便瞭解泰國婦女，而在跨國婚姻裡的同時，這些泰國女人也扮演著文化承載、傳遞的角色，飄洋過海發揚泰國菜，這大概是在全世界各國都能找到泰國餐廳的原因之一吧！

3 在UFM甜點課的同學

在UFM有機會和在地學生一起上課，這樣就可以獲得更多當地的訊息，例如去哪裡買相關廚房器具，交換在不同廚藝學校上課的經驗、可以到哪裡找好吃的泰國菜等等，對泰國菜的文化背景和家常、地區菜色派系也可以更深入瞭解，當然他們介紹的餐廳也不會是旅遊指南上的那些。

日本苦情阿信——聖子

我的班上有四位同學，包括我在內、一位日本女生聖子和另外兩位泰國小姐，聖子學習泰語和廚藝課程，她在東京的泰式廚藝教室擔任助理的工作告一段落，特別跑來泰國。從她的做菜動作和技術看起來是很有經驗。

由於我對學習泰文不感興趣，於是更加佩服別人學習泰文的決心，據說整個曼谷有三十萬日本人，如果學會泰語，定居在這塊土地上會方便很多。

聖子很瘦小，和我在歐美國家遇見的日本女人有很大差別，從腳跟皮膚乾裂和被蚊蟲叮咬的小腿痕跡可以看出她不太注意保養，雖然她有化妝，但比泰國同學更樸素，有趣的是，她有一本和我一樣的旅遊書（我的是中文版）。

有一次聖子遲到了兩小時，她因為搭錯公車，加上等車塞車，趕到教室的時候，大部分的菜都快要做完了，為了發揮同學愛，我們禮讓給她做剩下的部分。而引起我注意的是她常帶著孤獨眼神，流露出即使生活不易，也還是要很努力的決心。

英國俊男Ladyboy

我一直很想學泰式甜點，泰國的皇室甜點講究裝飾，果雕、擺盤，口味偏甜，是以前很富有和權勢大的人的一級享受，一般老百姓，只有在節慶和宗教活動時才吃得到，不過傳統甜點的美味，對現在人來說似乎都覺得太甜。

我上的甜點課的同學陣容龐大，有六位同學，分成兩組，五位泰國同學中有媽媽、小女生和一位英文很好，自稱留學英國的醫學系男學生。他是班上打扮最時髦的同學，燙得鬈鬈的頭髮，粉紅短褲配上粉藍上衣，修剪過的指甲，做甜點時不時翹起蓮花指，上課時，他的話很多，一邊做甜點一邊聊天，直到下課前嘴巴都沒停過，也讓我見識到這位Ladyboy聊天的功力。

Ladyboy和另一組村姑型的媽媽，落差很大，她們第一天上課被同學冷落，隔天立刻改穿著像是去喝喜酒的洋裝來上課。其實，我也被同學冷落，但是我不是很在乎，我只想努力學好甜點。

授課的女老師Aj'Let Pat講得一口好英文，對我的提問都能立刻提出解答，我安靜的觀察老師的每一個步驟，記下筆記，唯一不習慣的是大家上甜點課不穿圍裙，我很想入境隨俗，第二天我就自己帶圍裙，後來班上的唯一Ladyboy也自備圍裙。

畢竟外國人容易落單，少了動手實習的機會，所以結束這節課，我暗下決定，要報名上一對一的甜點課，用心的學會皇室甜點。

認真的小尼克

另一位男孩尼克是另一堂課中的同學，也是我遇到最年輕的一位。

尼克在上海念初中，中、英文都不錯，高中畢業，準備念大學，他看起來安靜乖巧，家教良好，很專心，上課時，常偷偷觀察我做事。比方說：泰式擠椰奶的做法是將椰子肉和水混合，用雙手搓柔椰肉後，用雙手擠出椰奶，透過紗布與篩網讓椰奶流入鍋子中。我的做法是搓揉在水中的椰子肉後，全部放入紗布中，再用紗布包好椰肉，用雙手擠砂布，再將椰奶擠在篩網上流入鍋子中。

他似乎覺得我的方法比較好，後來幾天我發現，他一直跟著我做菜，於是我將所有材料分成兩份，讓我們能獨立完成菜色。最後一天，我發現他切菜的速度越來越快，進步神速，真希望將來他能成為一個好廚師。

4 交際牌德國啤酒哥

在Wandee上課時，我的房間在宿舍二樓，樓下住了個泰國慷慨哥——東。他為人十分海派，超大啤酒肚看得出喜歡喝酒交朋友，東的英文程度差，但是我們還是可以溝通，每當宿舍的網路壞了，我就會在二樓對著窗口喊，「東……」他就會自動開電腦，和我分享網路。

東的人緣好到沒話說，他也很喜歡在一樓大門樓梯上開伙，擺上幾瓶啤酒、烤肉、咖哩、糯米飯，邀請三五好友共享啤酒時光。

他和媽媽在德國開設泰國餐廳，照理說拿到泰國的國家執照理當沒問題，但是這個活寶，在面對廚師證照考試，卻狀況連連，不擅長果雕的他，買了許多好的果雕刀，卻沒好好練習，最後補考了三次才通過，終於拿到泰國廚師的國家執照。

東，三十歲，結過一次婚，目前其實是有婚姻狀態，老婆住在老家蘇可泰，他則和女友住在德國，我經常看見女同學為他爭風吃醋。他出手十分大方，每晚都和不同女生約會。

「你很多女朋友！」我跟東開玩笑，沒想到他卻認真的回答：「泰國女生最想要的東西，除了錢之外，還是錢，她們的眼中只有錢而已啦，什麼都別信。」我點點頭，的確，受歡迎的人就是肯花錢的人。

有一天，我想出門去試試東推薦來自蘇可泰同鄉開的按摩店，就在學校對面，我從二樓下來，被他叫住，他說要和我一塊去。

按摩結束，他又帶我去逛夜市。半夜十二點，他還邀我搭小巴士回蘇可泰老家看他的女兒。不過，他匆忙出門竟忘記帶鑰匙，計畫宣告取消，我乖乖回房去，他則去睡旅館。

後來，我有機會去他的老家拜訪，參觀蘇可泰國家公園，到華欣看泰國國王慶生。東是一個好玩伴，我去學泰國傳統按摩課，他是我的練習對象，但是他的體型龐大、肌肉結實，我使出全身力氣，雙手往他的小腿穴道按下，只聽見他懶洋洋的說：「你可以用點力氣嗎？」我用盡雙手力氣將他的腿抬高，發現眼前這隻帕瑪火腿，就是最好的舉重重量訓練。

二十分鐘後，在低於二十度的冷氣房內，只見我滿頭大汗，雙手無力，東認真跟我說：「你是有按到穴道點，但是還很生疏，要多多練習。」東這一提醒，我想我是真的沒有按摩的天分吧。

5 俄羅斯娃娃

我在泰國廚藝學校上課時，班上只有大雄和我一起上課，這位大雄先生來自俄羅斯的聖彼得堡，他有完整的廚師經驗，所以我們能一起上課，可以互相督促算是良性競爭。

所以，我倆常會一起分享做菜的技巧和方法，而藍帶學校則是我們常常談論的話題，因為他原本是想去上法國料理的相關課程的，想接受藍帶正規訓練，我想他那麼有經驗只要補上些許技巧，未來前途不可限量，不過命運卻安排他來到泰國。

我們可說是「患難見真情」，也很快適應主廚上課的奇怪方式，如不給食譜、不給食物分量等等，我們兩個人的學習完全靠本身的專業與專心，老師可能也因為我們把課程進度速度加快並且更要求絕對專業，上課談的內容也很專業化。

大雄這人人緣很好，他一到學校上課就帶給學校每一位職員一個伴手禮，身為同學的我也收到一個漂亮的俄羅斯娃娃，因為自從改行之後，收到伴手禮或者送出去的全部都變成吃的或喝的，所以當我收到這個小禮物就覺得特別的可愛。

雖然我和大雄只認識短短兩週，但當他跑去Pattaya度週末時，竟然把他的皮夾交給我保管，裡面有所有的信用卡和證件，可見他對我有多麼的信任，這一點讓我很吃驚，當然他也沒有看錯人，他的皮夾我連翻都沒翻開，原封不動，我想我應該讓他非常放心。

大雄對我說：「奇怪，我就是相信妳。妳知道我在想什麼，妳知道什麼是我想學的、什麼是我不想學的，我們兩個是最佳學伴拍檔。」

我看著大雄送我的俄羅斯娃娃，原來裡面藏著是「信任」兩個字，那種被完全相信的感覺很奇妙。

藍帶級學伴

大雄是我第一位同學，一起上課時，我們保持著良性競爭的心情，也有共同的話題，當我分享學習法式料理經驗後，便帶他去參觀藍帶學校的泰國分校，行政主廚Chef Fabrice Danniel（他是我在巴黎求學時的甜點Chef），除了熱情接待我們，還送剛剛出版的食譜給我們，讓我覺得面子十足。

大雄回饋我的方法就是請我喝酒，他帶我去Sukhumvit的色情酒吧，酒吧基本消費很低，一瓶啤酒一百泰銖，就能欣賞全裸女孩鋼管跳舞，這些女生看起來都像是發育中的未成年少女，任誰多看一眼都會有罪惡感。上廁所必須到二樓，如果要台上的舞者在你的桌上跳舞，必須到二樓，支付特殊消費。

我發現店內有許多老外夫妻一起來，所以我和大雄佯裝情侶，避免尷尬。大雄和我只當了一個月的同學，他就回俄羅斯，等我回到台灣也持續和他聯繫，這幾年我們常交換做菜的經驗。

他後來又回到泰國，變成我藍帶學校的學弟，當他把畢業考的計畫Mail給我時，我有一種當學姊的榮譽感，料理真是無國界。相信我們會一直保持聯絡，一起研究、融合、開發和端出不一樣的菜色。

我和同學大雄第一天到學校報到。一起去探險，一個晚上吃了三家餐廳。

PART 6

藝學外一章：泰國日常生活點滴

我隨身帶著照著我於廚藝學習節奏所寫的生活手扎，裡面除了記滿我對學習泰國菜的熱情外，也有許多課餘生活點滴，學料理真的不只是滿足了我的味蕾，更填滿了我的生活，而我在泰國除了學習廚藝外，在深入瞭解泰國的風俗民情後，也慢慢地愛上這個南洋國度。

一趟泰國的冒險學藝之旅，所有故事都發生在我一段又一段的學習旅程當中，對於新環境我展現大無畏精神，在下課後也盡情吃喝玩樂，其中自然有不少有趣的事與驚奇的體驗，我總會抓緊機會跑去旅遊、吃美食、學按摩、交朋友……

五味雜陳的泰國學藝生活，我學會一點點的泰文，我融入當地日常生活，認識了來自世界各國與泰國的朋友，大家彼此尊重，接受差異包容，一起交流分享。

這段美好時光，豐富了我的人生。回味這些片段，偶爾也有爆笑有趣的火花出現，雖然我也曾沮喪失望，但最後總會又滿載希望。總之，這半年一切值得，因為有那麼多的體驗都是前所未有的呀！

1 黑色湯底的「船麵」

我也是到了泰國之後，才發現泰國的地方菜跟我認得的泰國菜真的差太多了。我發現，那些在台灣沒聽過也沒看過的泰國小吃、路邊攤上賣的泰國土產真是花樣百出。越想深入瞭解，越需要花時間，所以我一邊學習一邊搞懂，到底泰國的菜系、風味、種類有哪些，有時也會像在霧裡看花。

船麵（Kuay Teow Reua）

有一天下課我和大雄決定到學校對面一間麵店去探險，因為這間店傳來的湯頭味道很像中國的藥膳，深色木頭裝潢，從天花板到地板，桌椅也是同一色系，我們當然是看不懂泰文，但是卻被這奇怪的味道所深深吸引，所以想進去一窺究竟。

奇怪的是，那整間店只有我們這一桌客人，其他客人都是打包帶走，所以我們沒辦法點跟別人一樣的菜，我靠近開放式廚房，就對著大鍋中的湯頭和櫥窗內放著的各種麵類，胡亂點一通。

大雄對這種麵的菜色沒啥興趣，只顧喝著他的啤酒。不一會兒，端上來一大碗黑色的湯麵，口味像是香草加上藥膳排骨，我將桌上的四大天王（辣椒粉、魚露、砂糖、生辣椒醋）全部加一點，吃完麵後覺得口感還是怪怪的，而且吃麵還附有脆餅，這也是我頭一遭遇到。

後來，我有機會到維多利亞紀念碑站（BTS Victory Monument），附近有許多賣麵的小攤，每一碗麵分量只有三口，好像吃台灣古早味的擔仔麵，那次，在一點都不餓的情況下，我吃掉五碗麵（嘗試不同口味），又加了一盤甜點，為何一碗只有兩、三口不到的分量，據說因為在船上搖搖晃晃的，要小分量才不會灑出來，這樣的概念，很符合現在吃東西的想法，少量多種，淺嚐即止。離開時我發現，我是吃最少的，因為每一張四人份的桌子上的空碗都有三十個左右。

最後我終於在Wandee廚藝學校高級班上課時，學會了做泰式所有麵點，包括了上面吃的船麵，船麵的湯頭是黑色的，我那才真的搞清楚，原來第一次吃的就是泰國東北有名的船麵，要搭配著炸豬皮一起吃，原來那個被我誤認為是脆餅的東西是炸豬皮啦。

船麵，顧名思義，水上人家吃的麵，以重口味為主，配料除了黑色的醬油之外，還會使用醃製的黃豆做湯底，基本上少不了豆芽菜，要配上炸得脆脆的豬皮、餛飩皮、魚丸與各種肉片。

2

比手畫腳逛路邊攤

一個人的時候，我因為不會說泰文，買路邊攤就要靠肢體語言，我會對著在烤架上快烤好的魚，用手指頭比一，老闆就懂了，還會回問我，要加這個或不加那個，反正聽不懂，我就裝懂，吃的時候才知道我剛才點頭是加了什麼東西。

如果要買我愛吃的涼拌木瓜絲，我還會假裝自己是泰國同胞，對著木臼說宋丹（Som Tom），有的老闆也會配合演出，加入棕櫚糖和檸檬汁，接著請我試吃味道夠不夠，才幫我打包。

買涼拌木瓜絲，辣度是可以隨你喜好自由調整的，通常一根辣椒就夠了，別太小看泰國鳥椒的威力，有次我一口氣加了三根辣椒，辣椒竟直接在喉嚨悶燒，眼睛竟被逼出眼淚，灌了半瓶罐泉水才勉強熄火，說什麼，也吞不下第二口，原來搗涼拌木瓜絲的缽和杵，因為重複使用，三根辣椒可能會具有六根的辣度。

因為好奇心重，只要是我沒看過的食物，我都會嘗試，但是炸蟲蟲除外，所以難免也會買到無法入口的菜，像是，芭蕉葉魚，整包都是魚刺，不知如何下口。

而只要是到了泰國大受歡迎的餐飲店，我絕對會先晃一圈看看別人吃什麼，然後指著隔壁桌說我要點一樣的菜。

泰國路邊攤有時也可以買到格子鬆餅和法式薄餅，雖然不道地，但卻別具風味。我常在上課前，在菜市場買一份十泰銖（台幣十元）的格子鬆餅當早餐，儘管老闆知道我不懂泰文，還是會很努力的跟我聊天。有一天早上，學校老師轉來一份老闆請我的鬆餅，讓我覺得特別有人情味，讓不懂泰文的我對於泰式的友誼，印象深刻。

寮國菜併桌初體驗

「唉。」我記得剛到曼谷有時看到街頭熱炒就免不了要嘆氣，因為我心裡很想吃，但又怕自己肚子不爭氣，通常我一胡亂吃就會拉肚子，還沒來得及完全好又好想去街頭上亂吃。

後來為了身體健康這件事，除了路邊的生食不吃之外，還有看起來又髒亂破舊的攤子我也敬謝不敏。所以每每看到環境衛生不好卻又生意興隆的小店，心裡總是萬般掙扎，因為渴望品嚐道地美食又擔心吃壞肚子，這種又愛又怕受傷害的心情持續好一陣子。有一晚，我顧不得那麼多了，和大雄同學約好，決定豁出去了，「拉肚子」這件事，就當是愛吃的代價，反正要看醫生兩個人也有伴。

我們找到一間沒有招牌卻異常忙碌的攤子，這家炭烤店只做晚上生意，從下午就能看見許多人光顧，服務生忙得不可開交，有人切菜、有人將新鮮的魚肚內塞進香料，還有忙著燒炭準備烤肉架。從店內到店外，桌子一直沿著路邊緜延過去，在走道的炭烤架上有烤豬頸肉，還有幾尾肥大的香料烤吳郭魚，任由皮膚曬得黑亮亮的廚師幫它們細心地翻身，光是看到那種畫面就讓人口水直流。

天色一暗，溫度下降，也涼快了，所有的人都往這家店走，不一會兒，店外所有桌子就坐滿了，特別是許多人都自己帶酒。大雄和我興高采烈的也買了酒，想好好一起探索美味，卻找不到空位，讓人不敢相信這些人像約好似的竟都早我們一步，我和大雄掃興極了，路邊攤有小夥子熱情招呼我們，但是語言不通，我們也不知道要等多久。

之後，我們眼尖發現，有一張桌子只坐了一對男女，大雄派我去問：「請問我們可以和你們一起坐嗎？」座位上那位先生客氣的回說：「當然可以呀！」因為大雄很壯加上身高有一百九十公分，我是怕他一開口，會逼對方把整張桌子讓出來，那就真的不好意思。

能到這間黑黑髒髒又擠滿人的路邊快炒店，是認識泰國菜最快的方法，每一桌

客人都喝酒，每一桌客人都自己帶酒，這點大雄觀察到了，所以我們先到便利商店買了伏特加。

我們入坐後，不一會兒，跟我們同桌的那對男女點的菜已經擺滿一整桌，每一盤在黯淡的路燈下看來全都是黑的，女生的主食是冷米粉，男生則是點了糯米飯，這對夫妻客氣招呼我們，就像我們是受邀前來聚餐，熱帶國家的人情味有夠濃烈。他們點的菜其實我們超級想試，每一盤不管炒、烤或是生的，包括湯都是黑色的。

輪流自我介紹後，我才知道熱情的彼得先生原來是一位保險員，如果我聽得懂泰文，一定願意跟他買保險，安靜溫柔的太太是從事稅務工作

寮國菜

在寮國菜中，辣醃肉經常是用來生食，而和鄰近國家比較不同之處，寮國是以糯米為主食，酸辣重口味，新鮮蔬菜，新鮮香草如：檸檬草、南薑、檸檬葉，料理手法：涼拌、生吃、炭烤與醃製、魚醬、辣椒，老撾飲食的美妙特點之一是幾乎完全沒有加工食品。

的天主教徒，雖然彼得說了一口蹩腳英文，加上身體語言，我們可以猜出他要講的話，太太不會講英文，但當她拿出教堂的地址，邀請我上教堂，我就很感動了。

他告訴我們這裡的菜是LAP（寮國）菜也是泰國東北部的一種菜色，他強調，寮國菜他是專家，如果要學這菜（指著桌上的碎牛雜佐薄荷葉沙拉），可以跟他學。

我竟然跑到泰國來吃寮國菜？有沒有搞錯呀！泰國人愛吃寮國菜？我心中升起一連串問號，真是沒想過，泰國東北地區深受寮國菜餚影響如此之大。

這兩位泰國人的熱情讓我受寵若驚，彼得說著破英文也能和我們把酒言歡，還幫忙我們點菜，並善解人意的點了一些和他們不同的菜色，還幫我們要了有圖文的菜單，看著圖文，我們又點了鴨胗和碎牛肉，每一道菜的味道都非常濃重，像是泰國菜的野味版，害羞的老婆還分了米粉湯給我吃，真的好慶幸有緣遇到他們。

這家店座無虛席，人一走馬上就有新客人，整條街不時傳來歡笑，大家都吃喝得很快樂，在月光下的街邊吃飯真是一種享受。

後來又有一位新朋友加入，是彼得的朋友，看起來也很害羞，他買了路邊的烤魷魚沾酸辣醬，也和我們大方分享，真是好吃，這讓我想起小時候到戲院看戲時，門口的烤魷魚攤。

3

東方文華的泰式「百匯」

在曼谷上廚藝課這段期間，只要有朋友組團前來曼谷玩，一定會順便探視我，於是，我成了專屬伴遊，儘管我也只是個人生地半熟的旅客，為了扮演好這個角色，我詢問了泰國學長，畢業於英國藍帶法式料理的普吉先生上東方文華吃飯招待朋友好不好。

「飯店……吃泰國菜……這個……好像還好啦！」他搖搖頭扶一扶眼鏡，話講得吞吞吐吐。

「我們是不太會自己跑到那邊去吃飯，除非是陪朋友用餐啦。」

普吉先生文質彬彬，曾任職於東方文華，在廚房打拚過，我懂，他對自家的菜色絕對是高標準評量，話一說完，他立刻露出不好意思的笑容。

「其實我也是這樣想。」我說，我想著陪朋友吃飯，當然要選曼谷最有名、最華麗的高級餐廳。

能去吃米其林一星餐廳等級的泰國菜，當然好，但是對泰國當地人來說，傳統菜色吸引力卻比不上新菜色的魅力，相反地對外國人來說，我當然會最想吃傳統菜色，在順序上的考量不一樣，所以我決定還是先吃吃這個當地人不太推薦的東方文華飯店，然後再去吃米其林認證的泰國餐廳吧！

東方飯店歷史記載為成立於一八八一年，幾度易手經營，經歷過二次世界大戰之後，一九七四年，香港文華酒店與曼谷東方酒店結合，於二〇〇八年正式更名為文華東方酒店，我們一行六個人要搭乘兩輛計程車，而曼谷塞車是出名的，不找零錢又很愛亂繞路，為了省時間，我們決定搭BTS捷運到沙潘塔克辛站（Saphan Taksin），一走出BTS站，往二號出口到Central Pier碼頭，就能搭乘曼谷東方文華飯店專屬的免費接駁船，一想到要搭船才能到達餐廳，整個心情就浪漫起來。

泰國傳統自助餐

我們一票人開心下了接駁船之後，誤走入一間海鮮餐廳，這時有位身穿西裝，笑容誠懇的服務經理，主動上前幫助指引，我們再度搭船到對岸，這才到了我們要去的泰國餐廳。

泰式Sala Rim Naam餐廳，中午是Buffet時段，餐飲部分全是自助，這一間餐廳很不一樣，剛剛坐下，服務人員隨即展開服務，讓我們選擇飲品之後，主動為我們送上飲料。

由於我的英文好，翻譯工作也由我一肩扛下。在我到餐台取餐點時，眼尾忽然瞄到經理上前和同桌友人交談，只見友人拿出皮夾抽出一張張信用卡，看起來是付帳動作，於是我馬上回到座位，瞭解狀況。原來經理主動告知，本期優惠活動，持有在地信用卡可享折扣，我們當然沒有當地信用卡，但是對於這樣主動告知的舉動，感覺很貼心。

餐台上的菜色，最吸引人目光的就是泰國的果雕。在我眼前的西瓜果雕，在果皮上雕刻出歡迎光臨字樣，繁華的擺飾猶如是鑽石般的鑲工細琢，散發出力量與溫柔並存的美麗。鏤空的立體果雕，感覺用力多看一眼，就能透視水果線條，這樣的新鮮水果裝飾，泰國皇室讓水果把料理的價值無限提升，只能說泰國匠心獨具的果雕功夫真是傲視全球。

自助餐台上的冷菜（沙拉、開胃菜）、熱菜（湯類、葷菜、素菜、炸物）、飲料（冷、熱）、甜點（糕點、冰品類），都是基本該有的。菜色特色為集合所有泰式街頭小吃之大全並且精緻化，這樣宮廷式的菜式，許多手工製作和配料方面都極為講究，讓我聯想到法式料理的美食精神，餐台上全都是增添風味的泰式傳統器皿，如：小石臼裝盛醬汁、木臼內放入沙拉、陶鍋內的湯品、芭蕉葉上的炸物，還有炭火烤出來的甜點與手工椰子冰淇淋……

還有大家熟悉的：涼拌木瓜絲、炸魚餅、綠咖哩雞、芒果糯米飯；以及大家可能不熟悉的泰式米線搭配魚肉醬料、酸咖哩、石榴椰子冰……

光是甜點冰品的品項就多達十幾種，別說喜歡吃哪一種，光是每一種試吃一口，就能飽到快要站不起來，任誰都記不住究竟是哪一種特別好吃。

對我來說，參觀自助餐的擺盤和陳列方式，還有菜色的分配與調整是我的工作之一，這和吃一樣的重要。

我覺得很慶幸的是八成以上的菜色，我都學會了，另外兩成的菜色，也在繼續學習中，同時還看到運用地方特色做食物擺盤讓人眼睛為之一亮的技巧，很有斬獲。

如果你想一次就明白到底泰菜國如何分類，自己曾經吃過或者錯過哪些菜色，來吃一次自助餐就能完全明白了。

5 泰式按摩好時光

我居住的地區完全被按摩店包圍，我喜歡在週五的夜晚去按摩。

我特別喜愛傳統古老的泰式按摩，而不是那種裝潢漂亮的店，有天晚上我只想在附近逛逛，走著走著就到了這一條按摩巷，穿緊身背心的女孩在門口聊天講手機，把這條街弄得很有情色味，一遇遊客，女孩上前拉客招呼，這種按摩店一看就知道不正經。

百元按摩店暗藏玄機

在同一條巷子內，我發現有一間不一樣的按摩店，店又小又舊又傳統，門口除了鞋櫃之外，沒有女孩。

這間小店被隔壁一間很大的SPA店的樹木擋住，快步走過絕對會錯過，當我往裡面一探，小小的門窗看過去，只有一個泰國老太太正在做腳底按摩，直覺告訴我，進去試試看吧。

一個小時一百元挺便宜的，推開門，是佛經音樂，滿屋檀香味，感覺是一間吃素的店，最特別的是廁所的門還是古式木頭拉門，門栓是一大塊木頭，換好衣服後，便開始感受我的便宜按摩。

這位按摩師的技法極佳，我一躺下來，發現所有的座位一下就滿了，後來我成了常客，除了按摩腳之外，也到二樓做泰式全身按摩。二樓的床和地板，非常搖晃，讓人擔心隨時可能會倒塌。

對這家店一直保持著好印象，直到我帶一些男同志一起去按摩腳，他們被按摩師技巧性的詢問，是否需要比較特別的服務，我才瞭解，原來這間按摩店存在這條街上的意義了。

泰式按摩學校

我在曼谷停留的最後一個月，趁著第四間皇家廚藝學院的上課空檔，報名了泰國按摩課程。

學廚藝怎麼會跑去上按摩課，很多人都覺得奇怪，「我若是男生就去選修泰拳。」我打趣的回應。

想要深入當地文化，有必要親身經歷，探索文明世界的古式泰式按摩就是一個好選擇。何況自從我踏入廚房界，早就成為按摩店ＶＩＰ會員，我想，開一間按摩店專門服務廚師一定會大發利市。

很多年前，當我第一次到泰國旅遊，便愛上泰國古式按摩，透過按摩讓我筋骨鬆弛，特別是當聽見骨頭喀拉喀拉（骨骼聲），讓缺乏運動的肌肉筋骨，透過推拿感到它的存在。印象很深刻的是有次我做了藥草按摩，按摩的老婦人，在我的腹部不斷用熱藥草熱敷，藥草包冷卻之後，再蒸熱，過程中除了熱敷就是熱草藥包按摩。

神奇的效果是發生在隔天早上，早餐後，我放了個屁，同時也從體內排出許多油脂，這讓我驚訝不已，從此對泰式按摩佩服得五體投地。

當我這次因學廚藝來到曼谷，發現以前的傳統泰式按摩不一樣了，以前的傳統古式按摩，有治療保健、鬆弛筋骨、舒通筋脈、養活血氣作用，兩小時下來，從腳按到頭，都能有明顯感覺。

但是現在為了迎合觀光客，按摩時間縮短為一小時，按、摸、拉、曳、揉、捏，步驟和許多細節都被刪除，以前按摩師又壯又黑，現在變成身材好、年輕，並且英文講得不錯的女孩們，專門服務觀光客。

以前跟團，常常要支付八百元左右的按摩費，加上一百元小費，現在隨處可見一小時兩百元起的按摩，以前按摩有禮儀規範和品質完美要求，現在覺得按摩過程像吃麥當勞，速戰速決，買單走人。

所以尋找傳統的泰式按摩店變成我的另一樣功課。

總算皇天不負苦心人，我終於找到一間傳統的泰式按摩店，光顧的客人都是泰國人，按摩店離我居住的旅館，搭BTS（空鐵）需要三十分鐘，同學對於我捨近求遠，千里迢迢搭車到一間又舊又破的老按摩店的舉動，非常納悶。

在曼谷，按摩店就像台灣的便利商店一樣密集，各式各樣大小、漂亮裝潢的店家應有盡有，但我想要的是真正的泰國傳統古式按摩，那一陣子除了經常光顧，我也突發奇想想去學按摩，想進一步瞭解泰式按摩，將來有需要也可以幫別人按摩消除疲勞，萬一回國後碰到不專業的按摩師，我還可以糾正對方，畢竟身體只有一個，必須好好珍惜。

曼谷最有名的兩間傳統泰式學校是Wat Pho，臥佛寺，另一間PrawPhai位於蘇坤蔚。我最後選擇日本文化交流協會的按摩課程，這個單位有許多課程，包括：音樂、舞蹈、廚藝⋯⋯。協會大多是服務日本人，所以所有工作人員都會泰、日語。

我的按摩課程是一對一上課，教室非常寬大舒服，整面落地鏡子，像上舞蹈課，能讓你看見按摩的部位，泰國和日本混血的男老師，剛好不會講英文，我們上課的方式，沒有言教，全部靠身教。一節課為三小時的課程，有一半的時間是老師示範，幫我按摩，讓我體會按摩技法和位置，用力、鬆手、速度和呼吸吐氣。

另外一半時間就輪到我上場。

泰式基礎按摩大致分成幾個部分，仰臥、側躺、趴著，俯臥端坐也就是從正面、側面、背面和頭部。從腳部的腳底開始，左腳底部三條經脈按完，接著小腿側、大腿側，換右腳，重複一次，然後是左腿的正面接著是後面。腿部按完然後手部、背部，最後是按摩頭部。

上課的方式是，當我的力道或者位置不對，老師會隨時糾正，主要按壓的力氣是從身體的力氣透過兩根大手指，一～二、一～二的按壓下去，再慢慢鬆開，同時調整自己的呼吸。

按摩的人必須要很尊敬接受按摩的身體，將力道透過指間傳遞出去，需要熟練和足夠的力氣，否則十分鐘就會讓你氣喘吁吁。泰式按摩綜合了中國的經脈穴位按壓，印度瑜伽活絡筋骨，加上草藥按摩的物理治療。

泰式按摩發源自印度西部是由泰國醫學之父，也是古印度王的御醫吉瓦科庫瑪，推廣到泰國。泰國皇室將按摩視為醫療的一部分，也有疏壓解疲勞之效，用來招待貴賓時，兼具娛樂效果。

千萬別以為上課是一種享受，當老師用力施壓在穴點，不論有多痠痛，我都得忍住，當我使出吃奶力按在老師身上練習，非常專心、認真接受老師的糾正，忽然間我明白了，為什麼許多按摩店的師傅都愛用手肘代替手指。每次下完課之後，體力耗盡，全身的骨頭放鬆像是要散掉，並且感到非常飢餓，需要補充體力。

兩週課程結束，我只上完基礎按摩，高難度的進階課程，將來有機會再說。

下課後最熱衷的莫過於展現技術，我想找個人練習，剛好住在我宿舍樓下的泰國同學東願意當我的第一位實驗者，東的身材比我的日本老師胖三十公斤。

瘦子和胖子身材真的差別很大，我學習的對象是瘦子老師，能夠輕易的摸到他的筋脈和按壓到骨頭，胖子的肉太多，肌肉又硬，我怎麼用力按壓，躺在床上的東同學只會用他的小眼睛看著我說，你大力一點啦，我使出吃奶力氣也不夠用，也搬不動這個大胖子。

三十分鐘勉強按完，我問東自己按得如何，東搖搖頭。我當下全身腰酸背痛，好想立刻飛奔去給人家按摩。

6 「喜馬拉雅」廚房

我居住在離廚藝學院走路約十分鐘路程的民宿叫「喜瑪拉雅」，經營者來自尼泊爾，餐廳也賣尼泊爾菜，尼泊爾菜和印度菜的差別，一般人不容易分辨。

這間餐廳和寺廟的布置也頗相似，從大門供奉的白色佛像，和大廳外的象神、小魚池和門窗懸掛慶典用的七色裝飾花色開始，除了沿著牆壁一字排開的熱帶植物和大、小盆栽之外，天花板的燈，披著紅色布幔做的燈罩，讓餐廳燈光昏暗，靠著日正當中時的陽光直射進來，才能把餐廳照亮。

餐廳內擺放著矮桌椅，室內到處是宗教儀式使用的銀製與銅製的法器，尼泊爾高山風土照片，靠牆陳列傳統木製雕花骨董家具，上面有著尼泊爾花紋特色的背包、傳統服飾與手工藝品。最顯眼的是達賴喇嘛來訪下榻的照片，整間餐廳感覺就像廟宇的食堂。

主人叫做阿弟，他腦筋靈活，也很健談，和每一位旅客都能聊得開，當他知道我是附近的「廚藝學院」介紹來的，馬上幫我換到好房間，一逮到機會，他就馬上要我回答他該如何讓早餐做得更好吃。

夢想中的早餐

這間民宿餐廳早餐，一個盤內放著一顆油炸荷包蛋、兩片薄吐司與一小匙人造奶油與工廠果醬，一片生菜與兩片紅蘿蔔片是裝飾也是沙拉。勉強可算是三明治，但看上去色、香、味全無，很令人失望。住宿含早餐是為了省一餐，大部分的房客還是會忍耐著吃，和我同班也是房客的大雄，從來都不碰他的早餐。我一向早起，趁著上課前的兩個小時，在餐廳自習，每天早上喝下去的只能說是一種算咖啡色的飲料。

所以當老闆一開口，我馬上答應他的要求，說是為了自己，不如說，想玩點花樣。

「我想試試看在尼泊爾廚房，能變出什麼花樣來。」我跟同班同學大雄提起這事。

「哪能變出什麼花樣。」大雄來自俄羅斯，也像個精明的老闆，一眼就看出破綻，他說，阿弟也跟他提出過相同請求。

「可以換成法式吐司、丹麥麵包、麥片、牛奶……」我很當一回事的說。

「如果是我，我想弄一個餐台，讓客人自助。」大雄漫不經心說。

「不管啦，你一定要幫我。」我說。

「不如你們從學校把練習做的菜，帶回來讓我們幫忙吃。」「你們也可以用我的廚房練習做泰國菜。反正我的廚房內什麼都有。」阿弟曾多次對我說過，可以利用廚房做菜。事實上，我偷瞄過廚房，那裡做泰國菜的硬體設備缺乏，連一瓶魚露、一湯匙棕櫚糖都沒有，更別說香茅、南薑，還有器材與其他，我可能得花錢先買一整套泰國菜調味品，採購加上料理，那可能要花更多時間和金錢。

民宿房客不多，老闆其實也不是真的想要改善早餐，大雄是對的，但是我們兩個人花了一下午的時間，把各自夢想中的早餐，描述了一遍，然後第二天還是得吃那難吃得要命的早餐。

主廚的印度塔都里雞

喜馬拉雅的廚房內，其實是有一位尼泊爾菜的主廚，我們都叫他「阿寶大叔」。阿寶大叔人很親切，空閒時在廚房門口抽菸，餐廳平常只有週五晚上比較忙，他住在廚房旁邊搭出來的一個小房子，他說有五年沒有回尼泊爾看家人了。

老闆阿弟歡迎我隨時到廚房看看，進入廚房最好是幫忙做事，利用假日的早餐後時段，我偶爾會到廚房幫忙剝大蒜，剝完之後，隨便問東問西，廚房的員工也對我挺好的，都很樂意回答。

阿寶大叔怎麼做餐廳的拿手菜，這是我最好奇的，印度坦都里烤雞，需要的是溫度高達四百度的塔都里烤爐，烤爐像做烤鴨的爐一樣大，廚房沒有，那又如何做出烤雞？

也許看在常常幫忙剝大蒜的份上，阿寶大叔無私的把絕招傳授給我（附食譜）。

原來真的很容易，簡化到只要三個步驟，第一、醃製，第二、微波，第三、燒烤。將雞肉與印度坦都里粉、辣椒粉和大蒜辣醬一起醃製，最少三小時，接著放進微波爐，煮熟，取出後，開爐火，直接將雞肉周圍燒烤成焦黑，坦都里烤雞兩三下就做出來了。

陪老闆逛市場採購

家族企業經營最好的地方是團結一致，每一個人都身兼數職，聽大家整天說著的尼泊爾語，對我來說和泰語一樣，完全聽不懂。

老闆自然就兼餐廳採購，我們約好周日一大早，搭計程車到附近超級大的批發市場——孔堤逛逛，聽說這是餐飲業的心臟，而且還是二十四小時不打烊的市場，有魚貨、肉類、蔬菜，還有各種乾貨、五金與雜貨。傳統老式的市場，整理不完的髒亂，濕黏的走道，如果穿著高跟鞋，就是個美麗的錯誤，穿著人字拖也會將泥沙飛濺褲管四處，我觀察這邊有許多來買菜的婆婆、媽媽都是穿著有高度的拖鞋或涼鞋。

看似雜亂無章的市場，擠滿人潮，價格或許比小市場便宜，但是供貨的新鮮度加上足夠分量，應該可以滿足曼谷所有大大小小餐廳的需求。

攤位種類很集中，攤位有大、有小，有店面有路邊攤。巷弄陰暗、眼花撩亂、潮濕髒亂、炎熱擁擠和百貨齊全是這個市場給人的第一個深刻印象。

阿弟說他第一次來買菜真的困難，東、西、南、北全擠滿了貨物，走路要穿、要鑽，還要防止迷路，為餐廳採購，首要選擇品質和價錢，一旦有了合作的店家，買菜這件事就變簡單了。

市場有穿著橘色背心的搬運工和成堆擋在路當中一籃籃的竹簍，像是機場提行李的工作，在這裡提供搬運服務。一個人也可以買一卡車的菜，不怕沒有人幫忙，工人會拉著竹簍跟著你，直到將食材送進車上。跟店家熟的話，你也可以像阿弟一樣，邊買邊寄放在不同的店家，然後和搬運工一路收集食材，搬運工會很老練又很小心的將軟、硬、生、鮮食材分類，不過蛋類、餅乾類，最好自己手提。

搬運工一趟的費用約四十泰銖。自己不開車的話，只能坐嘟嘟車或摩托車（計程車拒載），連人帶菜一起送回廚房。

民宿距離市場算近，計程車費也差不多一百多泰銖，市場的距離，搭摩托車約七十泰銖，搭乘地鐵要三站，後來，我常常週末一大早一個人跑去逛市場。

手工果醬上餐桌

阿弟每一次都會買一週要使用的材料，拗不過老闆之邀，我們買了鳳梨、蘋果和紅毛丹，準備做我第一次做的泰式鳳梨果醬。

我第一次進入這個廚房，是從做手工果醬開始。要在尼泊爾廚房做手工果醬，對我來說是一大考驗。一進廚房，我整個人驚訝到有點哭笑不得，雖然我做了心理準備，也牢記藍帶主廚的交代，不要抱怨，要想辦法解決事情。首先我找到了全部都沾滿香料味的切菜板、炒菜鍋和無數小湯鍋，卻沒有磅秤、量杯和溫度計。

總之，做果醬所需要的一切設備，全都沒有。

廚房只有一台吐司機、一個瓦斯爐和一個做甩餅的煎台。所有的鍋具包括菜刀都有一股揮不去的香料味，如何讓我在這邊做鳳梨果醬。

我很擔心做出坦都里風味的鳳梨果醬。首先，菜刀上有洗不掉的油膩，切菜板用保鮮膜包住還是不能阻止味道飛散，鍋子和木製攪拌匙，我則盡量選新一點，最後，沒辦法了，我要求他們將尼泊爾上菜用的大銅盤反過來當成切菜板，菜刀洗乾淨，油滋滋黑亮亮的炒菜鍋也要刷洗好幾次，而材料則是用目測分量。我第一刀切下鳳梨之後，阿寶主廚便伸手搶下菜刀，好意的幫我繼續完成切水果的工作，面對我要的鳳梨丁被切成鳳梨塊，我也只能保持沉默。

克難鋁鍋煮果醬

要把鳳梨塊，再切成鳳梨丁，需要花太多時間，所以我決定用攪拌器，但問過之後，又發現廚房根本沒有攪拌器。

泰國的鳳梨小並且不多汁，畢竟是鳳梨沒有果膠，所以我先從煮蘋果果膠開始，加入紅毛丹提味，加了水的蘋果膠以小火慢煮，老闆阿弟很認真的帶著筆記並集合廚房全體，大家一起學。正當我用英文試著將果醬煮法解釋一次，主廚阿寶手腳很快，很自動的一直翻炒蘋果，接著很自動的幫我的鳳梨放進鍋中加滿水和一直翻炒，說時遲那時快我想要阻止：「不要加水，不要翻炒鳳梨。」但已經來不及了。

搶救果醬大作戰

每做一個步驟，還沒等我做動作，大家就習慣性的自己動手，大家把煮水果當菜翻炒，我這邊好不容易，將剛剛被加入的鳳梨水瀝出，鳳梨要加上糖，師傅又自以為是的已經開始開火爐炒糖，我大叫：「不要開火，不要炒砂糖……」然而砂糖早已經燒焦了，天呀！

混亂的場面，已經不是看我示範果醬，而是搶救果醬大作戰，一場混戰加上豔陽高溫，我嚇出一把冷汗。好不容易果醬煮好了，才想起來，廚房也沒有食物絞拌機，當然也沒有可以裝果醬的玻璃瓶，我只好放在玻璃器皿內。

我交代大家冷卻之後放冰箱冷藏，直到我要睡覺前，到廚房去看，果醬還在桌上，大家完全忘了這檔事。

用炒菜鍋做出來的鳳梨果醬帶有紅毛丹風味和尼泊爾廚房的味道。

我做的果醬呢？

三天後，我想試吃果醬，早餐盤上還是工廠牌梨果醬，我問：「不是有鳳梨果醬嗎？」

服務人員這才把我的果醬換成鳳梨手工果醬，原來手工果醬不是給客人吃的，老闆娘看到我直說：「你做的那個鳳梨果醬真的太好吃了。」她說她還想吃草莓果醬。

一週之後，聽說果醬早已經被吃光了，廚房的師傅說，沒問題他們已經都學會了，可以自己做。

總之，我做的那個鳳梨果醬，愛吃甜食的老闆娘非常喜歡，大家都覺得很好吃，很快地三天一大桶果醬就見底了，之後，也沒有人繼續做果醬，餐廳繼續提供難吃的工廠牌果醬。

7 泰國鄉下小旅行

我喜歡利用假期，離開曼谷，到處去走走，Wandee的老師——道兒，遞給我一本英文短期旅遊手冊，我看到了華欣是泰國皇家避暑勝地，有美麗海灘、國家公園、皇室遺址，距離曼谷也只有兩百公里並不算太遠，有點心動。

說真的，在曼谷，待了接近半年，其中我也曾計畫去清邁，想學點北部傳統菜色，聽說那邊有個超有名的度假村，把學費和住宿費綁在一起很划算，對外地人來說，是既便利又安全，然而，就在計畫去清邁度假時，變化趕不上計畫，我改去同學的老家坤敬。

坤敬的小旅行

坤敬府（Khon Kae）位於泰國東北部的心臟地帶，是泰國第四大城市，也是開車到老撾、柬埔寨、寮國的轉站必經之地。坤敬大學很有名，這是我對同學寶琳的故鄉唯一的印象，沒想到第一次離開曼谷，不是去清邁而是去坤敬。

寶琳和我上課重疊的時間很短，我快念完初級班，她才剛進來念初級班，泰國上課是以個人時間配合固定課程，我是一對一上課，泰國同學則是團體班，雖然在同一個廚房，沒有太多交流。但是她是少數英文不錯，能和我溝通的泰國學生，我們本來並不熟，直到她念完初級班，準備廚師證照考試期間，再度返回學校補習，我們才有機會相處。

某天，藍藍將高級班的課本借給寶琳，順便幫她惡補，沒有念過高級班就要報考廚師證照，是高難度的事，特別是果雕的練習，是必考項目，學校有專門為補習，開設單堂課程，除了果雕，還有肥皂雕刻或者西式甜點。

寶琳說：考完試就要即刻返鄉，幫助家人收割糯米，我一聽，自願舉手幫忙，而且是當著所有人面，為了表示對外國人的友善，寶琳便一口先答應了。

高級班學姐藍藍，是一位來自普吉島的義工老師，我對她每天提早到校的態度很是欣賞。後來我才知道，她每天必須搭兩小時的公車才能抵達學校。這時我也才明白，為何泰國人早餐有時要吃糯米飯配烤肉或者吃便當，因為早起趕車需要先填飽肚子。

藍藍對我非常友善，友善得幾乎讓我忘掉泰國人不好的經驗，而重新愛上泰國人。只要宿舍有聚會，她都不願意我落單，一定會派人來敲我房門，邀我過去，就算她的英文不夠流利，也很努力和我溝通，寶琳在場時，就是最好的翻譯。後來，我們有機會一起吃飯聊天才知道，原來藍藍很會算命，但是要在喝掉三瓶啤酒帶點酒意的時候，難怪她身邊總圍著一大堆同學。藍藍是不是算命大師，我不確定，不過她分析個性倒是很準。

原本寶琳和我說好了，我到了坤敬必須住在旅館，其實是一種婉拒，只是當時我沒聽出來，後來因為藍藍的關係讓我度假期間暫住在寶琳阿姨家。

週末，我拎著一個小包包和手提登機箱就出發了！傍晚我和寶琳一路坐計程車到公車總站，搭乘小巴士，預計深夜十二點到達。曼谷到坤敬的距離，約六小時的車程，車上免費提供便當、飲料還有電影欣賞，設備挺齊全的，票價卻一點也不貴，約兩、三百元。曼谷的巴士票價是大型車人數多的車票比小型車便宜。

寶琳從小寄人籬下，和阿姨在Pataya長大，做生意的阿姨嫁給德國人，大學畢業之後，寶琳打算自力更生，先到杜拜高級度假村當傭人，賺錢之後，再申請到加拿大當泰勞與小哥在同一個城市工作。

直到她父親重病，花光了她所有積蓄。回到故鄉的寶琳決定重新開始，她進入廚藝學校考取證照之後，有機會到國外執業，成為泰國菜廚師。堅強的泰國小女兒，全拜家裡有一個不夠長進和積極的大哥。大哥和媽媽一起，打理家鄉的雜務，而寶琳和其他哥哥的責任就是賺錢回老家，修繕房屋，奉養父母。

六小時之後，我們抵達坤敬車站，寶琳的媽媽與大哥已經久候多時，然後我們跳上卡車，繼續開了一小時，終於抵達小村莊。

第二天，天剛亮，我趁著阿姨在走廊編織草蓆時，獨自到街上看看，昨晚的印象是除了街燈和塗黑的夜空之外，街上沒半個人影。

到底來到一個什麼景致的地方？每一戶人家都好大，有花園或庭院，家家戶戶都種木瓜樹，和許多熱帶植物。沿著村內主要的柏油路，一路走下去，輪胎內都種植花草。塗上五顏六色再被剪裁成花器的輪胎，是政府免費發的。映入眼簾的農村和稻田，讓我彷彿回到兒時的記憶。記得小時候的台灣，光著腳在稻田內，踩泥巴、抓蝌蚪、繞著相當忙碌在收割稻米的大人們團團轉，我的暑假就是這樣玩樂的。

這個小村子有濃濃的人情味，跟台灣鄉下很像，可能因為少有外人打擾，我的出現，竟成了焦點。沒多久，每一個人都知道我來自台灣。

雜貨小店舖外麵攤上有豬肉和魚肉，飛滿蒼蠅，小學生們背著大書包一邊打架一邊往學校走去，偶爾有載滿木薯的貨車，從身邊經過，揚起一大片灰塵。買菜如果不在村內的兩家雜貨店購買，就必須要飛車到鎮上去。

寶琳的媽媽和阿姨都是以種植糯米為主，也有甘蔗和木薯，寶琳的媽媽算大地主，親戚們也都是居住在附近並且有自己的農地。

如果稻穗黃了，我也樂意一起下田去幫忙收割，可惜這次的時間還沒到。這一週我打算過著當地人的生活，沒有安排旅遊景點，沒有網路也沒有電視，三餐吃糯米飯。兩天之後，連村內的狗都認識我了，見到我也會主動讓開和搖著歡迎的尾巴。

自在的農村生活，陽光充足，一點壓力和刺激都沒有，連身體都感到年輕不少。

寶琳的媽媽和阿姨非常友善和害羞，為了我，每天變化三餐菜單，餐餐有不一樣的菜色，大量的生吃青菜，包括了四季豆、高麗菜、蒔蘿等。許多我不生吃的菜葉類，加上醬汁的重口味，一口接著一口，吃進大量蔬菜，生機飲食讓代謝加速，連我原本嘴角的發炎也痊癒了。

這期間我嚐遍道地東北菜色，重口味的寮式調味風格加上醃製的竹筍、醬汁，再搭配上大量的生菜，吃得多也吃得健康。附近有許多受歡迎的攤販，寶琳為了盡地主之誼，便要大哥帶著我們驅車前往，包括附近村莊的炭烤全雞和寮式涼拌木瓜絲，那些菜色真的是品嘗食物的原味，沒有半點加工或化學添加物。我差一點要花兩萬元泰銖，購買製作木瓜絲醬汁的祕方。

在鄉下照樣當血拼族

到鄉下出門一定要搭寶琳哥哥的卡車，這一天，我們決定到商場去添購一些日常生活用品，順便買一些甜點，還有烘焙材料。

坤敬是泰國發現恐龍的地方，所以有大型的恐龍雕像立在路邊，紀念品也可以買到恐龍。講好不購物，我們卻在路邊的批發店停下來，有許多賣手工藝、陶瓷器和廚房器皿的店家，所有的價錢都比曼谷便宜。石臼、火鍋、糯米籃隨便看看就買了大約半個皮箱，我完全沒想過該如何搬運回曼谷的問題。

平常很少吃西點的寶琳媽媽和阿姨，第一次吃我做的法式薄餅和果醬，像孩子一樣開心。在電台工作的阿姨，也開心打包給同仁分享，後來村長和村內的老人家都圍過來，大家一起在寶琳家庭院搭建的草屋內，吃起法式甜點，大夥對新事物和我對他們一樣充滿新鮮感。

寶琳阿姨的手工草蓆編織得很好，非常有藝術天分，家中櫃子內還收藏滿滿的各式傳統泰式絲被和枕頭。阿姨家是新蓋的房子，有現代化的設備，包括：咖啡機、洗衣機，不過生活習慣還是維持過去的模式，洗澡水是山上流下來的冷水而不是自來水，每天晚上洗澡的我，冷得吱吱叫，後來才知道，原來要在上午太陽出來之後，天氣夠暖才是洗澡的好時間。戶外曬衣服也不是好主意，曬乾之後上面會多一層黃色的土。

最天然的也最鮮甜

寶琳阿姨只會講泰語，就算我聽不懂她也很努力跟我溝通。每天吃飯的青菜，都是吃飯前在阿姨家的菜園現拔的。

「為什麼這裡的糯米飯特別好吃，一定有原因吧？」我問阿姨，看她示範做法，首先是浸泡糯米，再放進竹籠內，下面是葫蘆型的鋁鍋，加水之後蓋上鍋蓋，蒸熟。之後，趁熱讓糯米的熱氣在圓型的大藤框中前後左右拌開，讓熱氣散去之後，糯米趁熱，整成圓型，然後放進竹籠內保溫。我相信跟米有一定的關係，因為這些米都是她們自己種的，新米帶有芋頭香味，比舊米還要好吃，泰國糯米是長型的米，吃再多也不會讓胃不舒服。寶琳媽媽看我非常愛吃糯米飯，偷偷準備了二十公斤讓我帶回曼谷，一樣忘了搬運的問題。

涼拌木瓜絲也是當地有名的菜色，家家戶戶都有木瓜樹，一顆木瓜樹結出來的量就多到可以分送鄰居。高高的木瓜在青澀未熟便要採收，有一次，寶琳媽媽拿著竹竿打木瓜，被掉下來的木瓜打中，掉了一顆牙，真是慘痛經驗。鄰居間經常互相贈與有機木瓜，就算販賣也是非常便宜，如一把剛從菜園新鮮摘來的四季豆，一把只要五泰銖，這是我這一生中，生吃過最甜的四季豆，當地就地取材的蔬果價廉又物美。

假日趕集樂無窮

在這兒一個月有兩天可以趕集，寶琳大哥的卡車前座可擠下五個人，載貨區上坐了老老少少差不多十五個鄰居，經驗豐富得連躺臥的姿勢都先固定好，也有人自帶小板凳。大夥因為要去趕集，心情雀躍不已，一盪一盪的，飄著小雨和路邊濺起的小泥濘完全沒人在乎。

當我們經過約莫四十分鐘一路狂風沙又逆著風吹的車程，來到另一個村莊，搭便車的村民，終於可以從塑膠棚跳下車，這感覺很像電影偷渡客的畫面。

至少有兩個操場一樣大的市集，此刻已經擠滿了從各地村莊趕來的村民。衣食、日用品和育樂，所有的流動攤販都十分專業，寶琳媽媽雖然害羞，但是幫忙殺價時，態度可是很強硬，因為她的關係，讓我省下不少錢，當場又買了足夠塞爆一個登機箱的當地特產。

一週之後，我要先回曼谷，寶琳送我上車，眼看著身上大包、小包帶著我對坤敬所有的回憶，我用行李箱將坤敬這個樸實小村的記憶緊緊扣上。

後來，我把這些糯米寄回台北，糯米煮熟充滿芋頭的香味常帶我回到在草棚草蓆上用餐的美妙時光。

8 樂當廚房小助手

我住的民宿對面即將新開幕一家咖啡店，民宿老闆阿弟跟我說老闆娘是英國藍帶畢業的，人不親，學校親，在國外每回一碰到藍帶人，馬上拉近距離。

這藍帶學妹是第一次開店，凡事親力親為，籌備一個月就瘦了五、六公斤，她是典型美人胚子，鵝蛋臉，黝黑的皮膚，黑得發亮的長髮梳成高高的髮髻，合身T恤配上高腰的牛仔短褲，很有活力。空閒時我會溜進廚房，教她做蛋糕，還分享如何將剩餘麵包做一個布丁麵包，她也主動教我做辣椒醬，配方是來自曼谷的名廚，我也在她的廚房學到不少獨家配方。

助手兼實習

廚藝學院課程結束之後，趁著第二間UFM學校上課期間，我回到學校實習，擔任團體班老師的助手。

泰國廚藝學校，一般都是廚藝教室，針對外國人和當地人教學，甚至有些廚藝教室也日語授課，針對日本學生設計，安排給學生動手做的部分只有三個步驟：一搗碎，二切菜，三炒菜。

老師負責講解和示範，並且監督好每一位學生將菜做好，學生對做料理的程度不一。有些學生，手腳俐落，看得出經常在家中廚房做菜，有些從未下廚的學生，大多時候需要老師或助手主動幫忙。

泰國的桌子設計都比較矮，適合坐著工作，學生坐著搗碎咖哩、切菜；老師穿著拖鞋教學，有些學生還會把鞋子脫掉，光著腳丫走來走去。

廚藝教室的氣氛是輕鬆快樂的，面帶微笑的老師，一邊教學一邊和學生互動，學生一邊學習一邊拍照攝影，沒有一定要交出漂亮成績單的壓力，同學則都很認真聽課，筆記也寫得很詳細。

我這位小助手則要負責桌面清潔和所有的備料，一切的服務都很仔細，幾天工作下來，我覺得自己很像一個空服員。

9 曼谷的超級好逛市場

在曼谷我最喜歡逛市場了，好吃、好玩、好逛，到處都是尋寶好去處。下面這些地方都是我在曼谷發現的好地方，有機會去絕對不要錯過。

人氣第一卡士達醬

我的席隆廚藝學校位於Silom路十三巷，有天下雨，我撐著傘來到泰國人推薦給我的人氣排隊老糕餅鋪。

在席隆路二十巷，巷口是個菜市場，這個菜市場也是我們上廚藝課時，老師必帶學生逛的菜市場。

沿著市場大馬路，就能來到那一間傳統的糕餅店，兩間店都是老式的糕餅鋪，如同四十年前的家庭式麵包廠，傳統產品很有親切感。店內所有麵包和餅乾，都是店內製作。暢銷品是奶油吐司和兩款卡士達沾醬，老師特別推薦它的原因是純手工製作，每天中午不到就差不多會賣光。

泰式的卡士達醬和全世界卡士達醬的做法都一樣，特別的是食材，因為它是運用當地的斑斕葉和泰式奶茶製作，保持新鮮的包法就是小包裝，保存期限只有短短一週，所以隨時都能買到新鮮的卡士達醬。

這兩間店，哪一間店是老店，對我來說其實不是很重要，重點是我吃過之後發現，老店的沾醬要搭配新店的麵包才是超完美組合。

BTS Ari站的五星傳統甜點店

當你到達BTS Ari站由月台上往地面看，你可以馬上看到一處傳統市場，這裡的傳統市場巷口有一間小店，它藏身其中，專門製作傳統泰式甜點，常是市場內最早打烊的店面，也是看起來最乾淨的店面。內行人都知道，要早上十點左右到市場，晚來就沒有太多選擇，有一次，我就看見一名婦人大掃貨，要把才放上去的產品全部打包，這時我心裡一陣著急，也急迫上前血拚，感覺好像百貨公司大拍賣。

這家店擠滿人潮，很容易就能找到，而購買甜點者都是人手好幾包。

這裡的特色是每天提供的產品不一定所以總有新發現，為什麼呢？答案是，這家店的背後有一個大型的中央廚房，許多傳統的泰式甜點要當天製作才行。蒸煮、整形與裝飾，都需要大量的手工，也是因此五星級飯店和餐廳都會請他們代工，當然，多做出來的產品，就是給內行人和懂得精打細算的人的福利品。

我曾聽一位老師說，週末時老闆的媽媽偶爾會下廚製作咖哩蒸魚，我特別喜歡這道傳統老菜，芭蕉葉摺的盒子內先擺上燙熟的白菜和九層塔再放入魚肉，最後再淋上椰漿。

有一次走運，竟然被我買到這道菜，吃起來果然不一樣，白菜改成綠色龍鬚菜，香氣和風味更強烈，如果想要認識泰國的傳統甜點（Kamon），來這家店準沒錯，不過這間店並沒有店名喔。

週末市場尋寶去

在Saphan Khwai下車往一號或者二號出口的方向，是平行道路，兩邊都很好逛，這邊沒有觀光區的味道，往三號出口方向可以一路走到恰圖洽週末市場。

二號一走出口，就能看見圍繞在BIG C泰國國民超市的路邊攤，那邊有許多攤位生意都做得很好，由此可知，老主顧很多。

往一號出口直走，第一個巷口右轉，就會發現兩邊街道蔓延開來的路邊攤超過至少五十家，有著各式各樣的美味。大約從下午開始到半夜，每一攤都擠滿人，口味都相當道地。如果你能找到巷口沙嗲，這一攤美味的不得了。下午時，會看見兒女負責串肉，晚上，媽媽在炭火上燒烤，爸爸負責烤麵包、醬汁、收帳和打包，一家人一起經營這小本生意。第一次到這一區以為這一區是又窮又舊，後來發現我錯了。

路邊攤前面有一整排民間換錢的公司，在這邊能換到比任何地方都高的匯率，很划算，四個路口都開設金飾店，這邊許多出租公寓大樓和旅館的主人，據說不少都是每天晚上辛苦擺路邊攤的老闆。

老華僑區留住美好老時光

搭乘綠線BTS站Saphan Taksin下車，從月台可以看見幾乎和捷運鐵路一樣高的公路，在月台上，你可以看見搭船的碼頭，搭船到各大飯店或者到各景點都要在這一站下車，不過我要講的是另一邊。從月台出口三，你會來到像舊街一樣的老街，在曼谷任何鬧區都有旅館飯店，這一區也不例外，特別的是街景非常復古。

這是第一代泰國華僑開始做生意的地方，許多老舊的建築物都掛著中文字樣，顯而易見當時最會做生意的都是華人，在這裡有許多歷史悠久的老店、路邊攤、菜市場和醫院。馬路並不寬大，但不時有公車經過，讓人感受泰國華人的悠閒老時光，我像跳蚤一樣，迫不及待的跳來跳去穿越馬路，想搶在第一時間走入進入我眼前的店。

這兒的人行道很擁擠，往前總是看到黑壓壓的一片人海緩慢移動著。有位泰國老師說，他媽媽只要想送傳統的泰式甜點都一定會特地過來這裡的Bang Rak市場。這裡還有一家，賣很濃稠的絞肉粥，攤販的牆上有許多舊電影海報，沿路店面則有魚翅湯、豬腳、雲吞、燒鴨、冰品、養身茶飲和傳統老糕點店等等。大都是古老的潮州美食，店家外面的攤販也湊熱鬧的擠在幾乎人和人只能擦肩而過的行人道上。

逛老街的樂趣在於不經意就能發現你喜歡吃的東西，然後吃過之後可能會留下美好的印象，所以別人推薦美食，對我來說很多餘，因為只要是看起來覺得好吃的食物，我都會親自品嚐。

我最愛逛的四個知名市場

逛路邊攤就是走進泰國廚房的捷徑，而在泰國逛水上市場感覺像是到威尼斯運河搭乘貢多拉（Gondola），無怪乎人家愛說曼谷是「東方威尼斯」。

水上市場是觀光客的大福利，所有好吃的都在這裡大集合。說真的，第一次看到五顏六色的泰式甜點時，連碰不敢碰。然後，我很快被同化了，愛上這些甜點。快與畫中人物拍照，因為不知道下次到曼谷，我們能夠再見嗎？

泰國有上百個觀光景點，值得去朝拜，但是最能吸引我的莫過於和食材相關的市場，觀光和特色兼具的例如：安帕娃水上市場（Amphawa Floating Market）、Klong Suan Roi Pee Market百年傳統市場。以下四個市場則是我特愛去的。

當華水上市場（Dom Wai Floating Market，海椰寺水上市場）；鼎鼎大名觀光客必訪的恰圖洽週末市場（Chatuchak Market）；還有得過馬路到洽圖洽對面的農夫市場（Kamphaenghet Road, Or Tor Kor Fresh Market）；除此之外，如果你走過觀光景點，想去一個當地人的菜市場，在曼谷只有去孔堤市場，這個市場只要搭BTS Khlong Toei Station，或者搭MRT到Queen Sirikit National Convention，交通挺方便的。

1 孔堤市場

孔堤市場是位於曼谷最大的貧民窟的批發市場，是魚肉、海鮮、果菜批發市場大集合，二十四小時不打烊，是曼谷最大的批發市場。市場內除了新鮮食材之外，乾貨、調味品，包括五金生活用品等器材，應有盡有。

這市場完全不怕你買，買再多都有搬運工隨侍在側，提供人力配送服務。如果你是第一次去，穿著有號碼背心的工人，就像機場的行李搬運員一樣到處可見。只要和他們對看一眼，馬上就會把你已經買的大包小包放進竹籠內，並拉著這個大型菜籃車一路跟著你，直到結束。裝菜也需要技巧，要分輕、重和體積，最後他們會將所有的菜掛滿嘟嘟車，然後送你離開。

我很喜歡這個市場，不是因為要大量採購而是要享受逛菜市場的小確幸，我能在這邊購買比市價便宜的器具，如石臼、泰式炊具，或者乾貨食材，如：棕櫚糖、辣椒和羅望子。逛完市場還能到對面的小菜市場，當一日的泰國主婦，和大家擠在一起吃米粉湯、喝冰塊水、吃這裡當地人愛吃的早餐、炸油條配鹹粥、傳統千層蒸糕、椰漿甜點，和攤上各類熟食。

而這邊的物價便宜，也會讓人暫時忘記曼谷的高消費。

2 當華水上市場

參觀水上市場是Wandee課程之一，一般水上市場變成觀光景點，設施和物價多少都會隨著水漲船高，所以每一個水上市場看起來差不多，去一次就足夠。

當華水上市場（有人翻譯成海椰寺水上市場），要特別提到這個市場是和其他水上市場比較不同，這裡泰國的當地人比觀光客多，市場攤位大多整理乾淨，繁忙而不混亂，精選的產品找不到次級貨，能給人一種注重美食和休閒感的傳統市場。

所以，在這邊我可以找到泰國婦女的家居服、買到上一代用的便當盒、吃到世上最昂貴的新鮮椰子肉、知道被烤焦的椰子如何使用、瞭解老人家吃的檳榔、喝蝶豆花水、放入各種造型陶罐內的糯米甜點、買到國民名牌工廠生產的奶油麵包、手工糖果和甜糕，受到印度式影響的咖哩美味佳餚、中式影響的烤鴨、蹄膀，受到寮國影響的醃製酸菜和魚醬等。

觀光客來到這邊愛搭船沿河去其他景點參觀，而我覺得這邊尋寶就夠忙了，無暇再去遊船或拜拜。

老師說，每隔兩週一定全家光臨這個市場，因為許多傳統美食老店的手藝傳承似乎在這邊都能找到。這裡好玩的地方是來自泰國各省包羅萬象的綜合美食，我很幸運去過兩次，每一次都有一種親切感，不是來觀光而是像去泰國友人家裡後院野餐的感覺。

3 恰圖恰週末市場

這個市場很有名，店家都會講英文，觀光客都不會放過到此一遊，其實這個市場並不是只有週六、週日營業，週三、週四會有花市，我喜歡搭TBS在Saphan Khwai下車，從出口一，往前走，沿路隨著賣神牌的路邊攤位一路就能到達骨董二手市場，再逛到恰圖洽市場。

有四個月的時間，我幾乎每個週末傍晚都會來此採購和閒逛。曬得很黑的我，常被誤認是泰國人。有一次我停在攤位上看一個二手鑄黃銅鍋，婦人馬上上前用泰語招呼我，但我只聽懂五百泰銖。過了一個月，我又再度尋找婦人的攤位，我問她說這個大銅鍋和旁邊小的可以賣我多少錢，婦人一聽我說英文，馬上拿出計算機告訴我，大的要五千泰銖，小的也要兩千泰銖，這是會當場令人昏倒的價錢，因為一樣的大新銅鍋在恰圖恰市場內一只賣三千元，完全是吃定外國人。

4 農夫市場

逛這個市場要記得多帶一點錢，高品質是這裡的代名詞，這算貴婦的菜市場。這裡的一切都是市價的三到五倍，品質出奇優良，賣場的舒適感就像是在法國的露天市場。

高品質的商品和優美的購物環境讓人逛起來很有自尊，而我也從店家臉上的表情可以看出她們對自己辛苦的工作有股自信和驕傲感。賣魚的人感覺像在賣電腦，賣甜點像賣珠寶，賣水果的像在賣名牌包包，賣麵的像是賣保養品，擺在眼前肥美的食材和農產品，會讓人覺得沒有滿載而歸會對不起他們。

附錄

食譜

女婿蛋（Khai Look Loey）

某位不暗廚藝的男子和女友一起回家，為了討未來的岳母大人歡心，非得下廚顯身手，於是就做出小時候最常吃的便當菜，沒想到岳母大人竟然非常喜歡，這道女婿蛋便廣為流傳。

材料：

水煮蛋……4顆　　大蒜……2顆　　沙拉油……1鍋
紅乾蔥……3顆　　乾辣椒……4根　　魚露……2大匙
羅望子汁……3大匙　　棕櫚糖……3大匙　　香菜葉……少許

作法：

(A) 大蒜與紅乾蔥切片，乾辣椒切小段。
(B) 沙拉油加熱到170度，將水煮蛋放入炸成金黃，再依序炸大蒜片與紅乾蔥片和乾辣椒。
(C) 將羅望子汁、魚露和棕櫚糖一起放入鍋中，小火煮沸，煮到濃稠狀，即可。
(D) 將炸好的蛋對切，淋上醬汁灑上大蒜、紅乾蔥與辣椒片，放上香菜做裝飾。

烤芋頭布丁

在曼谷東方文華吃到這一道南瓜布丁（Steamed Pumpkin Pudding），我特地就地取材改成台版。
台灣芋頭遠近馳名，和西方人喜歡南瓜一樣，我將南瓜改成台灣最棒的芋頭，帶點台灣味品嚐泰式甜點，也是不錯的選擇。

材料：

芋頭……400克　米粉……90克　木薯粉……140克
砂糖……300克　椰奶……600毫升　鹽……2小匙
新鮮椰絲……少許　新鮮水果……少許　椰子口味冰淇淋……少許

器具：

蒸籠、食物調理機、杯狀或碗狀容器、調羹。

作法：

(A) 將芋頭用蒸籠蒸熟，米粉和木薯粉過篩。
(B) 將所有的材料放入食物調理機，混合攪拌，直到沒有芋頭顆粒，呈非常細的液體狀。
(C) 將芋頭液體舀入容器，至少九分滿。
(D) 放進蒸籠蒸約十分鐘，直到布丁蒸熟，冷卻之後，以湯匙脫模。
(E) 品嚐時，將布丁表面灑上椰絲，佐新鮮水果和椰子冰淇淋一起享用。

※將芋頭改成地瓜也可以。
※蒸過的布丁，充滿彈性，甜味不多，佐冰淇淋非常適合，搭配季節水果更是一道清爽的甜點。

動手做咖哩

瞭解咖哩與製作重點：

※咖哩是一種醬而不是一道菜。

※咖哩分成兩類料理，一類是加入椰漿，另一類則沒有椰漿。

※材料以湯匙計算，要將材料先切成小丁或者切細碎。

※黃咖哩加入薑黃粉讓色澤變成黃色，綠咖哩加入香菜根與新鮮綠色辣椒，讓色澤變成綠色，紅咖哩加入新鮮紅辣椒與紅色乾辣椒讓顏色變成紅色。

※蝦醬品牌不同，使用前先嚐一嚐，若已經非常鹹，則可減少鹽的分量。

※乾炒是指將材料放入炒菜鍋中，不加入任何油或水，以小火直接翻炒，不斷翻炒直到風味散出，香料變成褐色。

※薑黃粉也可以使用新鮮薑黃替代。

紅咖哩醬

材料：

茴香籽……1/2小匙
南薑……1小片
紅乾蔥……3大匙
鹽……1/4小匙
香菜籽……1/2小匙
香茅……5根
大蒜……4大匙
蝦醬……1/2小匙
乾辣椒……22根
泰國青檸葉……8片
白胡椒粒……1/4小匙

作法：

(A) 將上述所有材料加入蔬菜油或者椰漿，放入食物調理機攪拌成泥，即可使用。

(B) 將上述材料依序分次放入石臼內搗成泥。

叢林咖哩

材料：

鹽……1小匙
蝦醬……2小匙
大蒜（切丁）……8 顆
香菜籽（乾炒）……1小匙
香茅（切片）……4根
高良薑（切丁）……2小匙
小茴香籽（乾炒）……1小匙
白胡椒粒（乾炒）……2小匙
紅乾蔥（切丁）……10顆
乾小辣椒（泡在水中去除內籽）……10-15根

作法：

(A) 所有材料依序放入石臼，每一種材料搗成泥狀之後，才能加入下一種材料，直到變成泥狀。

(B) 可以使用攪拌機製作咖哩，但必須加入少許油或者椰漿，否則無法攪拌成細緻的泥狀。

黃咖哩醬

材料（一）

香菜籽……1小匙　茴香籽……1小匙　南薑（切碎）……2小匙
薑（切碎）……3小匙　大蒜（切碎）……6大匙　紅乾蔥（切碎）……4大匙
香茅（切絲只取白色段）……4大匙
乾辣椒（泡入冷水中五分鐘，辣椒籽去除後使用）……15根

材料（二）

鹽……1小匙　黃咖哩粉……3小匙　薑黃粉……1小匙
蝦醬（素食者不加）……1小匙

作法：

(A) 將以下材料（一）分次放入炒菜鍋中，以小火乾炒，直到香味四溢，表面稍微變成深褐色。
(B) 和材料（二）混合，一起放入食物調理機，所有材料要攪拌成醬，如果太乾，可加入少許的油幫助攪拌。

傳統做法：

必須使用石臼與石杵：
(A) 依序加入材料，鹽、香菜籽、小茴香、紅辣椒、南薑、薑、香茅、大蒜、紅乾蔥、黃咖哩粉、薑黃粉和蝦醬。

綠咖哩醬

材料：

粗鹽……1/2小匙　白胡椒粒……1/2小匙　香菜籽……1/2小匙
茴香籽……1/4小匙　蝦醬……1/2小匙　南薑……1小片
檸檬草（香茅）……2根　香菜根……4株　綠色朝天椒……5根
綠色辣椒……3根　大蒜……6 顆　紅乾蔥……8顆
碎泰國青檸皮……1/2小匙

作法：

(A) 將上述所有材料加入蔬菜油或者椰漿，放入食物調理機攪拌成泥，即可使用。
(B) 將上述材料依序分次放入石臼內搗成泥。

打拋肉

中文「打拋」是音譯泰文Kra Pow，也就是Holy basil，是羅勒的一種，在台灣用同類的九層塔來替代。打拋肉是一道泰式家常菜，也是一道世界級的泰國名菜，又香又辣，非常下飯。

我經常一大早在路邊攤，看見一對夫妻賣打拋肉加蛋的便當，許多上班族買了當早餐吃，我也買了幾次，果真好吃。

今天換換口味，做打拋便當加顆荷包蛋，感覺又回到曼谷慵懶的陽光早晨。

重點提醒：打拋肉炒好有醬汁，將打拋肉盛裝在盅碗，佐麵或餅類都不錯。

材料：四人份

- 絞肉……200克
- 大蒜……2顆
- 雞蛋……1顆
- 醬油……1/2大匙
- 紅甜椒……1/4顆
- 洋蔥……1/2 顆
- 紅辣椒（自由增減）……3根
- 雞湯……1/4杯
- 蠔油……1又1/2大匙
- 巴西里葉……1/2杯
- 沙拉油……適量
- 沙拉油……2大匙
- 砂糖……1/2大匙

作法：

(A) 大蒜和辣椒搗碎或切碎，紅甜椒切片、洋蔥切片，巴西里洗乾淨，只摘葉片使用。

(B) 炒鍋內放入適量沙拉油，將雞蛋煎成荷包蛋備用。

(C) 炒鍋內放入兩匙沙拉油，轉開爐火加熱，先將大蒜和辣椒炒香，再放入絞肉，翻炒，嗆出香味，加入洋蔥，翻炒。

(D) 加入雞湯和醬油、蠔油、砂糖，起鍋前放入巴西里葉和甜椒片，稍微拌炒即起鍋。

(E) 舀上打拋肉、擺上荷包蛋即可享用。

泰式炒麵

這款國民小吃，留給許多來過泰國的遊客一個深刻美好的印象。炒麵是很基本的泰國街頭小吃，不難做，只不過要準備的材料不少，所以很多泰國家庭，也會偏向買現成的，便宜又美味。

根據不同地區，也有不同風味的炒麵，有些口味偏重又有些口味偏鹹。

泰式炒麵中有幾個重要的元素，棕櫚糖、碎花生和羅望子，其他配料如：鮮蝦換雞肉或素食改成豆乾，都可以，韭菜和豆芽菜是不可少的，享用時在盤子邊附上檸檬片、砂糖和辣椒粉。

泰式炒麵有許多不同的做法，有人堅持雞蛋要先放入炒成碎蛋再加入麵，有人覺得麵炒好之後，雞蛋再打入，做成蛋皮不要炒碎，我則覺得醬汁的調味很重要，麵的分量則以一人份100克到150克左右計算。

醬汁材料：

紅乾蔥……5顆　紅辣椒乾……1/2杯　黃豆醬……2大匙
辣椒水……1/2杯　羅望子泥……100克　魚露……100克
棕櫚糖……1大匙

醬汁作法：

(A) 將紅辣椒乾剪成小段，泡入冷水軟化後，瀝乾水分，將冷水留下半杯。
(B) 紅乾蔥切碎，將所有材料一起放入食物調理機，倒入鍋中，移到火爐上，以小火煮約五分鐘。
(C) 將棕櫚糖、羅望子泥和魚露混合在鍋中，移到火爐上，以小火煮滾，直到糖溶化。

主要材料：

沙拉油……3大匙　韭菜……1小把　櫻花蝦乾（乾）……5大匙
豆腐乾……1大塊　黃豆芽……1大碗　碎花生……5大匙
蛋……3個　泰式麵條（細或寬）……1包
鮮蝦（蝦仁尾部帶殼）……300克

裝飾：

韭菜、黃豆芽、辣椒粉、檸檬、砂糖

作法：

(A) 豆腐乾切成小丁，花生和櫻花蝦分別油炸。花生炸好壓碎。
(B) 韭菜切成與黃豆芽約一樣長度。
(C) 麵條放入滾水中川燙，起鍋瀝乾水分加少許油，避免結塊。
(D) 炒菜鍋中加少許油，開中火，加入辣椒醬汁炒香後，放入蝦仁炒熟，打入雞蛋翻炒。雞蛋炒熟，麵條放入繼續翻炒，添加魚露醬汁，依序加入豆腐乾、櫻花蝦、韭菜、黃豆芽、花生粉翻炒，確定調味便可起鍋。

青芒果佐甜魚露沾醬

青芒果是我百吃不厭的水果，又酸又脆，就像吃洋芋片一樣，可以一根接著一根。吃過早餐，中午不是太餓，我就會買青芒果當成午餐。
水果攤直接削好的芒果，附的沾醬通常是砂糖混合辣椒粉，比較講究的攤販則會附上芒果沾醬。

材料：

青芒果……1顆　棕櫚糖……50克　水……10克
魚露……10克　紅乾蔥……2顆　大蒜……1顆
香菜葉……少許　朝天椒……1根　蝦米……1大匙

作法：

(A) 青芒果削去外皮，果肉切成長條狀，冷藏之後吃起來更爽口。
(B) 糖和水放入鍋中，小火煮到融化，加入魚露，直到有黏稠度產生，離火。
(C) 蝦米搗碎，大蒜和紅乾蔥切薄片，辣椒切珠，在全部放入(A)混合，即完成。
(D) 享用前再加入香菜葉。

茄子沙拉

這道菜若用綠茄子會更好吃，不過沒有綠茄子可以用紫色茄子替代。學會辣椒醬的製作，搭配喜歡的蔬菜，就是一道好吃的沙拉。
※素食者只要把蝦醬改成素蝦醬就可以。
※羅望子泥的作法：羅望子糕100克與水400cc，放入鍋中煮沸。

材料：

茄子……2大根　綠花椰菜……1小顆　花椰菜……1小顆

辣椒醬材料：

乾辣椒……10根　洋蔥……1又1/4顆　大蒜……8顆
蝦醬……2大匙　沙拉油……6大匙　鹽……2小匙
番茄糊……1大匙　羅望子泥……1大匙　黃豆醬……1大匙

作法：

(A) 將茄子對切之後，切成小段，放在滾水中，煮兩分鐘，取出放涼。
(B) 兩種花椰菜切成小朵，水滾後先將花椰菜燙熟，再放入綠花椰菜燙熟，兩者浸入冷水中，之後瀝乾水分，冷卻使用。
(C) 乾辣椒，剪成小段放進冷水泡軟後，瀝乾水分，洋蔥切成小丁，大蒜切碎。
(D) 辣椒醬料的所有材料放進攪拌機內，攪拌成辣椒泥。
(E) 鍋中倒入沙拉油，加入作法(C)，炒至香味四溢，加入作法(D)一起煮，小火約五分鐘，加入鹽巴調味之後，關火。
(F) 醬汁冷卻後，將茄子、花椰菜放入盤中，享用時淋上醬汁，即完成。

柚子沙拉

柚子沙拉是必學菜色，學會沙拉醬汁之後，應用和變化就能隨心所欲，根據季節和手邊的食材做出個人特色的泰式風味菜色。

材料：

老欉文旦……1/4顆　　鮮蝦……4隻

醬汁材料：

蝦米……1大匙　　紅乾蔥……2大顆　　三星蔥……1根
香菜根……2~3根　　甜辣椒醬……2大匙　　魚露……2大匙
檸檬汁……2顆　　香菜……少許　　棕櫚糖（或砂糖）……1大匙

作法：

(A) 鮮蝦剝除外殼，挑掉砂腸再放入滾水中燙熟。
(B) 紅乾蔥和三星蔥分別切成蔥珠。
(C) 混合魚露、棕櫚糖和檸檬汁，加入甜辣椒醬，確定調味足夠之後，再加入蔥珠、鮮蝦、蝦米和柚子拌合，放上香菜做裝飾。

展翅咖哩雞

檳城咖哩（Panang）：溫和口味的咖哩，很容易得到孩子們的青睞，傳統咖哩雞翅做法，會加上碎花生或紅乾蔥，來增加風味和口感。
市售檳城咖哩醬，使用前要先確定鹹度和風味的強弱，再按照食譜做風味上的調整。

材料：

雞翅……6隻

內餡材料：

豬絞肉……100克	鹽……1/8小匙	白胡椒粉……1/8小匙
砂糖……1/2小匙	檳城咖哩醬……1小匙	

醬汁材料：

檳城咖哩……2大匙	魚露……少許	砂糖……少許
椰漿……100毫升	椰奶……250毫升	雞湯……400毫升

配菜材料：

甜紅椒……3根	檸檬葉……6 片	魚丸……10顆
魚餃……10 顆		

作法：

(A) 使用小刀去除雞翅上段的 π 字型骨頭，不要割破雞皮，保留尾段。
(B) 將所有材料混合均勻，成為肉餡。
(C) 用湯匙將肉餡填入雞翅內，使用牙籤封住口。將雞翅浸在魚露當中，醃一下。再將雞翅放入電鍋中蒸熟。
(D) 炒菜鍋中放入1/3量的椰漿，煮沸之後，加入全部咖哩，煮到咖哩表面滾沸，加入剩下1/3量的椰漿，炒到油浮上來，等到咖哩開始油水分離，再加入1/3椰漿。
(E) 放入雞翅、魚丸和魚餃，加入椰奶和雞湯，開始燉煮，多餘內餡也可以揉成小團，放入咖哩鍋中煮。
(F) 煮滾之後，調味加入魚露和糖，濃縮五分鐘，試吃與調味，即完成這道帶甜味的咖哩雞翅。

泰式奶茶

在曼谷上課期間我每天都要喝一杯泰式奶茶當成早餐。手持一杯和太陽一樣的顏色的飲料，特別消暑。對這奶茶的癡迷就像在台灣一定要喝珍奶一樣是個習慣。

橘色的泰式茶葉有兩種包裝，一種是普遍在腰間有標籤是紅底（金字），另一種是金底（紅字），後者價錢比較高，老闆說茶葉是特級的，在泰國超市還能買到三合一的泰式奶茶喔！

材料：

泰式奶茶……5大匙　煉奶……2大匙　奶水……2大匙
砂糖……1大匙　冰塊……適量　水……200毫升

作法：

(A) 茶葉和水一起放入鍋中煮滾，加入砂糖和煉奶一起煮滾。
(B) 過濾茶葉後，茶倒入杯中，加入冰塊與奶水。

P.S. 茶葉濃度和砂糖和煉奶可以自行增減調整濃淡。

泰式米粉佐紅咖哩魚丸醬

紅咖哩加上魚肉和椰奶做成的醬料，加上魚丸，米粉滿滿的淋上咖哩魚丸湯，熱騰騰的色香味，超級迷人。
這道菜的重點在於咖哩醬搭配上鮮魚做出來的醬料，配任何生菜或醃製菜料與水煮蛋都很適合。
這是泰國的路邊國民美食，點了米粉和搭配的佐醬之後，生菜是無限量供應，有一陣子我幾乎迷上，每天都要吃，藉機來補充蔬菜。

材料：

白胡椒粒……1小匙　南薑……2小匙　檸檬草……2大匙
香菜根……2大匙　泰國青檸皮……1小匙　乾辣椒……1杯
鹽……2小匙　紅乾蔥……6大匙　大蒜……4大匙
蝦醬……2小匙

作法：

(A) 乾辣椒去籽，剪短，泡水軟化之後，瀝乾水分。南薑切丁，檸檬草切薄片，大蒜與紅乾蔥切丁。
(B) 以上述材料依照順序，放入石臼內，搗成泥，完成之後最後加點水放入食物調理機磨成細緻的咖哩醬。
(C) 使用市售紅咖哩醬，特別注意鹹度和油脂。

Nam-ya材料

蕾絲薑……200克　椰奶……6杯　椰漿（從500g椰肉中擠出）……2杯
紅咖哩醬……2大匙　鹽……2小匙　魚露……4-5大匙
棕櫚糖……2小匙　沙拉油……1/4杯
魚丸……200克　墨魚與鯔魚碎肉……300~350克

配菜：

泰式麵條（蒸五分鐘或微波兩分鐘）、鵪鶉蛋（在冷水中煮熟）、長豆（切小段）
包心菜（切絲）、酸菜（切小塊）、巴西里葉（九層塔）、辣椒粉（隨意）

作法：

(A) 將魚肉蒸熟，蕾絲薑去皮，切小塊，兩者一起放入食物調理機，一邊攪拌一邊分次倒入椰漿，攪成細緻狀態的魚慕斯即可。
(B) 魚丸放入滾水中煮兩分鐘。湯鍋中倒入沙拉油，火爐開小火，加入紅咖哩，炒至油浮上表面，加入魚慕斯和椰奶，一邊煮一邊攪拌，煮滾之後，加入魚丸，調味品，再以小火，保持滾沸狀態煮約二十分鐘。
(C) 將蔬菜擺盤，分開放置醬汁的四周，麵條用湯匙捲成圓柱。

烤豬頸肉沙拉

這道家庭式的沙拉，讓我想到中秋節烤肉時順便做成沙拉。這道菜非常簡單好做，豬肉要先醃製一晚，才會入味，調味重點則是醬汁非常強烈和鹹。
※肉類和沙拉蔬菜都要切得越薄越有質感。

材料：

醬油……1大匙　　豬肩肉（切塊醃製）……200克

調味醬材料：

魚露……4大匙　　檸檬汁……6大匙　　棕櫚糖……1/2小匙
鹽……1又1/2小匙　　大蒜碎……2大匙　　小辣椒……8顆

配菜材料：

番茄……2顆　　洋蔥……1/2顆　　薄荷葉……1/2杯
泰式鉅香菜……1小把

作法：

(A) 豬肉烤熟切薄片備用。番茄連皮帶籽切成六片，洋蔥薄片，香菜切大珠，所有的配菜拌入豬肉片。

(B) 調味醬部分，辣椒切珠、所有材料混合糖溶化，一起拌入做法(A)，酸甜鹹度可調整風味，但是一定要強烈。

排骨湯

印象中排骨湯是夏天喝的湯，搭白蘿蔔灑上香菜，配上一碗魯肉飯或將排骨加上紅蘿蔔絲及米飯燉成排骨稀飯。
※泰式排骨湯的風味簡單又迷人，調出十足酸辣熱帶排骨湯風情。

材料：

蔬菜高湯……6杯　魚露……2大匙　棕櫚糖……1大匙
番茄片……1/2杯　檸檬草……2根　檸檬葉……5片
檸檬汁……1/4杯　炸辣椒……1/3杯　帶軟骨的排骨……半公斤

作法：

(A) 洗乾淨之後，放在鍋中加入冷水，淹蓋過排骨，移到火爐上，以小火慢燉至少兩小時，或直到排骨軟透。
(B) 檸檬葉除去葉梗、葉片對撕，檸檬草切斷，只使用白色部分。
(C) 湯鍋中放入蔬菜高湯，煮滾之後放入排骨、檸檬草、檸檬葉和番茄，湯煮滾之後，再加入調味品，煮滾之後關火。
(D) 加入檸檬汁和炸辣椒。

酸辣椰汁雞湯

冬天的雞湯，養身順氣 ，夏天的雞湯，酸辣開胃。

材料：

雞胸肉……1/2付	雞腿肉……1根	泰國青檸葉……6片
檸檬汁……5大匙	小辣椒……1大匙	香茅……2根
辣椒醬……1大匙	魚露……3大匙	椰奶……2杯

裝飾：

香菜與芹菜

作法：

(A) 雞腿切大塊，雞胸肉切片。
(B) 檸檬草切大段、泰國青檸葉片撕去葉梗，葉片一撕為二。
(C) 小辣椒切碎，香菜與芹菜切粗碎。
(D) 大湯鍋中，將椰奶煮滾，加入檸檬草與泰國青檸葉與雞腿，雞腿煮熟，加入雞胸肉片，煮熟加入魚露和辣椒醬，小火煮三分鐘，關火之後加入檸檬汁。
(E) 享用湯前加入香菜與芹菜。

南瓜卡士達

這道甜點，其實很高級，切開南瓜，裡面是跟蒸蛋一樣的卡士達醬，特別好吃。在台灣使用栗色外皮的栗子南瓜做這道甜點比較適合，因為水分不多且肉質綿密。
在菜市場看到泰國的南瓜卡士達甜點，南瓜像臉盆，只要一個南瓜可以滿足一整桌的餐後甜點。

材料：

栗子南瓜……6顆　　椰漿……1杯　　雞蛋……6顆
蛋黃……1顆　　棕櫚糖……300克　　鹽……5克
米粉……15克　　斑斕葉……3片

作法：

(A) 使用小刀將南瓜蓋子的部分切開，將南瓜籽挖出。
(B) 取一只大沙拉碗，放入椰漿、棕櫚糖、鹽、蛋黃和雞蛋，充分混合，糖融化，加入斑斕葉。
(C) 用手一邊攪拌一邊將斑斕葉擠壓出風味。
(D) 過篩之後，將卡士達液倒入南瓜內約八分滿，蓋上南瓜蓋。
(E) 蒸籠水煮滾，再放入南瓜，中火蒸大約三十～四十分鐘，直到卡士達醬脹大並且凝固。
(F) 冷卻之後，切片享用。

皇家小喜餅

這是傳統的泰式婚禮喜宴指定甜點，這道甜點代表新人將來的新生活和月亮一樣的明亮、美滿的意義。

麵糰材料：

糯米粉……1/4杯　米粉……1/2杯　砂糖……1/2杯
荳蔻粉……1/4小匙　椰奶……1/2杯　黃色素……少許
蛋黃……2個

裝飾：

手粉（米粉）……少許

巧克力麵糊材料：

麵粉……50克　可可粉……2小匙　水……4大匙

作法：

(A) 將粉類倒入鍋中，移到火爐上，開小火慢慢加入砂糖和荳蔻粉與部分椰奶，一邊翻炒一邊加入椰奶，當稀麵糊煮到濃稠之後，再加入蛋黃與色素調色，麵糰炒到柔軟又黏，但是手指按下麵糰是不黏手的。

(B) 巧克力麵糊炒法：所有材料一起放入鍋中加熱，持木匙將麵糰由外向內推，快速在鍋中來、回，前、後，不停翻攪，不要燒焦，麵糊放入擠花袋，裝飾用。

(C) 麵糰放在盤子中冷卻，沾手粉，整形成包子的樣子，每一個十克左右大小，中間壓凹，擠上巧克力醬裝飾完成。

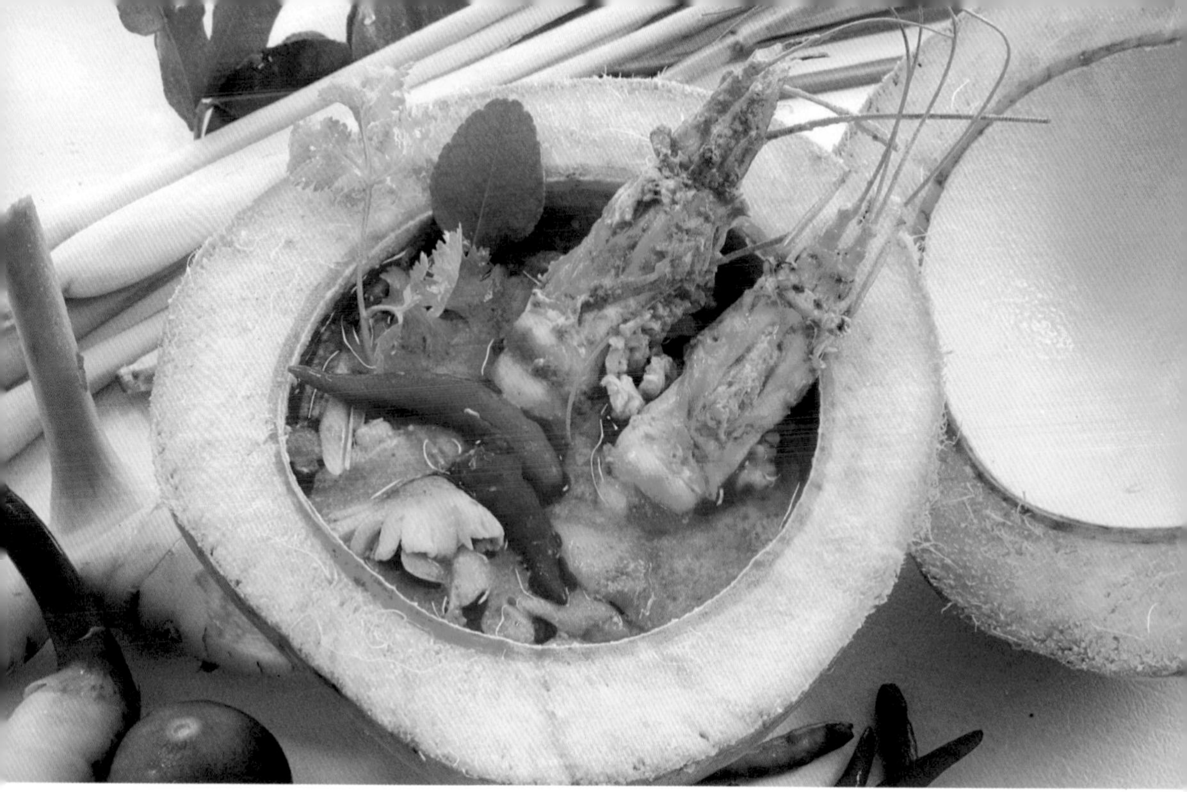

酸辣蝦湯

※這道世界名湯可以將蝦改成海鮮也很不錯。
※檸檬汁一定要關火之後加入，煮檸檬汁會出現苦味。
※南薑有強烈風味，一般薑片無法替代，最古早味的酸辣湯版本是沒有加入南薑。

材料：

雞湯……2杯
香菇……1/2杯
鉅香菜……2小把
小辣椒……1-2根
香茅……2根
蝦（帶殼大隻）……6隻
魚露……3-4大匙
辣椒醬……1大匙
南薑……1大片
泰國青檸葉（檸檬葉）……2片
檸檬汁……2-3大匙

裝飾：

香菜

作法：

(A) 鉅香菜切大段、香茅只使用白色部分，拍扁切大段、檸檬葉去梗，葉片對撕、辣椒切碎。
(B) 鍋中放入雞湯，加入香茅、南薑和檸檬葉，煮滾之後加入魚露調味，再加入香菇、辣椒碎和蝦，蝦煮熟即關火。
(C) 再放上鉅香菜、香茅與檸檬汁，最後淋上辣椒醬。

辣醬炒海鮮

※辣椒醬首先製作完成。
※海鮮先燙熟後，再混合青菜，另外，調味用魚露、棕櫚糖和蠔油、蕾絲薑（Zerumbed）。

材料：

蝦（去殼帶尾 從背部切開，取沙腸）……200克
烏賊（洗乾淨，內臟保留，切小圈）……200克
鱸魚（切大塊，這道菜的首選）……100克

辣醬材料：

白胡椒粒……1/2小匙
泰國青檸皮……1又/2小匙
鳥椒（紅綠）……3大匙
南薑……1小匙
香菜根……1大匙
大蒜……2大匙
檸檬草……1大匙
鹽……1小匙
紅乾蔥……2大匙

調味材料：

辣油……5大匙
棕櫚糖……1大匙
雞湯……1/2杯
蠔油……3大匙
魚露……3大匙

配菜材料：

蕾絲薑（切絲）……50克
綠胡椒串（切小段）……1/4杯
大甜辣椒（切斜片）……4根
玉米筍（斜片）……100克
泰國青檸葉（去梗對撕）……5片
巴西里葉……1/4杯

作法：

(A) 將辣醬材料切碎之後，分次加入石臼搗成細碎泥狀。
(B) 煮一鍋滾水，將海鮮放入燙熟。
(C) 辣油放入鍋中，滾沸後加入辣椒醬煮到乾，放入玉米筍，放入海鮮（會有些出水），加入所有青菜材料（除了巴西里葉、甜椒片），大火翻炒到熟，關火之後加入甜辣椒片與巴西里。

綠咖哩豆腐鍋

泰國人也吃齋嗎？對！每年九月初一到初九，「九皇齋節」維持九天市場所有食品、供品和齋品，上面插著一根黃旗，或貼滿寫有「清齋」字樣的三角形黃紙幅。把咖哩雞肉改成咖哩豆腐，配菜換成當季蔬菜，泰國人就是這樣做菜。

市售咖哩醬比較鹹，調味方面要減量。

材料：

炸豆腐……8塊
青椒……1顆
新鮮大綠辣椒……1根
雞蛋…… 2顆
九層塔……1/2杯
椰奶……2杯
檸檬葉……6片
棕櫚糖……2小匙
沙拉油……少許
醃竹筍……2根
新鮮大紅辣椒……1根
綠咖哩醬……3大匙
鹽……適量

作法：

(A) 青椒、紅和綠辣椒切滾刀狀，去籽。九層塔只取葉片，留一小株三片葉子做裝飾。
(B) 檸檬葉對折，葉梗子剝掉，不使用，葉片再對撕成四分之一大小。
(C) 炸豆腐對切，醃製竹筍洗去鹽分，切成小段。
(D) 鍋中倒入沙拉油，油熱之後，放入雞蛋液煎成蛋皮備用。
(E) 將椰漿倒入炒鍋當中，以小火煮滾，加入綠咖哩，混合均勻慢煮，煮到表面油質浮現，加入竹筍和豆腐輕翻炒，直到炒熟。
(F) 加入椰奶，煮滾之後，紅、綠辣椒、檸檬葉、青椒和調味料加入，小火滾煮，滾沸約兩分鐘，加入巴西里葉。
(G) 蛋皮煎好，切成塊狀放入咖哩豆腐鍋中，取一朵巴西里葉做裝飾便可以盛盤。

鮮蝦酸咖哩

泰國南部的酸咖哩和曼谷酸咖哩最大的不同為何？
曼谷位於泰國中部，酸咖哩的口味上強調酸（來自羅望子），甜來自棕櫚糖做成蔬菜或者魚咖哩。
南部的咖哩基本上使用黃咖哩，使用特有的當地水果assam fruit（som kaek），調出酸味，（或者羅望子加上檸檬），薑黃調整顏色，還有使用大蒜來替代紅乾蔥，口味上是沒有甜味的。

咖哩材料：

酸咖哩……1大匙　　紅乾蔥……2顆　　燙好的蝦仁……50克

湯的材料：

高湯或清水……4杯	鮮蝦……100克	波菜……1小把
南瓜片……1/2杯	花椰菜……1/2杯	蛋……3顆
沙拉油……少許	鹽……1小匙	魚露……2大匙
羅望子汁……3 大匙	棕櫚糖……1 大匙	

作法：

(A) 將咖哩材料放入石臼或者食物調理機中，攪成泥狀，若太乾可以加入少許的水或者油。
(B) 菠菜洗淨之後，切碎和蛋混合，鍋子放入少許沙拉油，油熱之後，放入蛋液，煎熟之後，切成兩口大小備用。
(C) 鍋內放入少許油，將咖哩放入，小火煮滾，再放入高湯，一起煮滾之後，放入南瓜片與花椰菜，煮滾之後，加入調味品（羅望子、棕櫚糖、鹽和魚露），最後放入鮮蝦，蝦子變色即可關火，加入菠菜蛋餅，即完成。

P.S. 白飯或者將菠菜蛋餅分開擺盤都可以，若無菠菜可以採用任何一種同質性的蔬菜替代。

國家圖書館出版品預行編目資料

泰國廚藝小旅行：來去泰國學料理 / 于美芮著. -- 初版. --
臺北市：健行文化出版：九歌發行, 民105.06
面； 公分. -- (愛生活；26)
ISBN 978-986-93008-2-7(平裝)

1.烹飪 2.食譜 3.文集 4.泰國

427.07 105007086

愛生活 26

泰國廚藝小旅行 來去泰國學料理

作者	于美芮
責任編輯	曾敏英
發行人	蔡澤蘋
出版	健行文化出版事業有限公司 台北市105八德路3段12巷57弄40號 電話／02-25776564・傳真／02-25789205 郵政劃撥／0112263-4
九歌文學網	www.chiuko.com.tw
印刷	前進彩藝有限公司
法律顧問	龍躍天律師・蕭雄淋律師・董安丹律師
發行	九歌出版社有限公司 台北市105八德路3段12巷57弄40號 電話／02-25776564・傳真／02-25789205
初版	2016（民國105）年6月
定價	350元

書號	0207026
ISBN	978-986-93008-2-7

*感謝泰國觀光局提供部分照片